普通高等教育“十一五”国家级规划教材配套参考

国家精品课程·国家电工电子教学基地教材

高等学校规划教材

数字逻辑与数字系统

（第5版）

实验教程

马学文　肖　平　杨　华　王爱侠　李景宏　编著

電子工業出版社
Publishing House of Electronics Industry
北京·BEIJING

内 容 简 介

本书是普通高等教育“十一五”国家级规划教材、国家精品课程教材和国家电工电子教学基地教材《数字逻辑与数字系统》（第5版）（书号：ISBN 978-7-121-32537-3）的配套实验教程。本书在编写过程中参照了教育部电子电气基础课程教学指导分委会修订的课程教学基本要求。编写本书遵循的原则是，适应当前对人才的需要，强化工程实践训练，培养学生的创新意识和提高学生的综合素质。

本书内容分为5章，第1章为实验要求与规范，第2章为实验常用仪器的使用，第3章为Multisim 14仿真软件简介，第4章为基础实验，第5章为综合设计实验。

本书可作为高等学校计算机、电子、自动化、电气等相关专业的实验教材，也可作为学生参加各类电子设计竞赛、进行毕业设计等的参考用书。

图书在版编目（CIP）数据

数字逻辑与数字系统（第5版）实验教程 / 马学文等编著. —北京：电子工业出版社，2019.9
ISBN 978-7-121-35501-1

Ⅰ. ①数… Ⅱ. ①马… Ⅲ. ①数字逻辑－实验－高等学校－教材②数字系统－实验－高等学校－教材
Ⅳ. ①TP302.2-33

中国版本图书馆CIP数据核字（2018）第258029号

责任编辑：冉　哲
印　　刷：北京虎彩文化传播有限公司
装　　订：北京虎彩文化传播有限公司
出版发行：电子工业出版社
　　　　　北京市海淀区万寿路173信箱　邮编　100036
开　　本：787×1 092　1/16　印张：9.75　字数：246.4千字
版　　次：2019年9月第1版
印　　次：2022年1月第2次印刷
定　　价：29.80元

凡所购买电子工业出版社图书有缺损问题，请向购买书店调换。若书店售缺，请与本社发行部联系，联系及邮购电话：（010）88254888，88258888。

质量投诉请发邮件至 zlts@phei.com.cn，盗版侵权举报请发邮件至 dbqq@phei.com.cn。

本书咨询联系方式：ran@phei.com.cn。

前　言

本书是综合性数字电子技术实验教材，在编写过程中参照了教育部电子电气基础课程教学指导分委会修订的课程教学基本要求。编写本书遵循的原则是，适应当前对人才的需要，强化工程实践训练，培养学生的创新意识和提高学生的综合素质。

本书的特点是重在实践，突出基础训练（含基本技能的培养）和设计型综合应用能力、创新能力、计算机应用能力的培养。在选编的实验中，强调工程实用性，着眼于培养和提高学生的工程设计、实验调试及综合分析能力。在实验手段与方式方面，既重视硬件调试能力的基本训练，又融入了 Multisim 软件的仿真，使学生学会将现代手段与传统方式相结合来分析、设计电路。在实验内容方面，以设计型实验为主。设计型实验分为基本设计任务和扩展设计任务两部分，其中基本设计任务是学生必须完成的内容，而扩展设计任务则是选择完成的内容。这有利于提高不同层次学生的综合素质，为学习后续课程，参加各类电子设计竞赛，进行毕业设计，乃至毕业后参加工作打下良好的基础。

本书内容分为 5 章，第 1 章为实验要求与规范，第 2 章为实验常用仪器的使用，第 3 章为 Multisim 14 仿真软件简介，第 4 章为基础实验，第 5 章为综合设计实验。

本书由东北大学马学文、肖平、杨华、王爱侠、李景宏编著，全书由马学文负责统稿。作者在编写过程中得到了东北大学电子技术实验室许多教师的大力帮助，在此表示诚挚的谢意。

由于作者水平有限，书中难免有不妥之处，敬请读者批评指正。

作者

目　录

第1章　实验要求与规范

1.1　实验的目的及意义

数字电子技术课程是电类专业的一门理论性和实践性都很强的专业基础课，也是一门综合性的技术基础课。本课程通过对常用电子元器件、数字电路及其系统的分析和设计的研究，使学生获得数字电子技术方面的基本理论、基本知识和基本技能，为深入学习电子技术某些领域中的内容，以及电子技术在专业中的应用打下基础。

数字电子技术实验是本课程重要的实践教学环节。实验的目的是强化工程实践训练，培养学生的创新意识和提高学生的综合素质。通过实验培养学生的工程设计、实验调试、综合分析及计算机应用能力。在实验手段与方式上，既重视硬件调试能力的基本训练，又融入了软件的仿真，使学生学会将现代手段与传统方式相结合来分析、设计电路。

1.2　实验的要求与规范

实验的操作方法与过程对实验的安全性和实验结果的正确性有很大影响，因此，必须按照一定的要求与规范进行实验。

1.2.1　实验预习

预习是实验前的准备阶段，是实验过程的重要环节。预习的好坏将直接影响实验能否顺利完成。预习的主要内容如下。

（1）预习与实验内容有关的基本原理，熟悉实验中要用到的电子元器件和有关逻辑电路的连线。在实验中，使用最多的是各种集成电路，因此，实验前要检查选用的集成电路的型号、逻辑功能及引脚功能。

（2）预习与实验有关的仪器及其使用方法，熟悉实验仪器的调整、操作过程。在实验中，应正确使用仪器，以免实验时因操作不当而损坏仪器设备。

（3）实验前必须弄清楚实验内容、步骤及注意事项，按要求写出预习报告。预习报告的内容包括实验目的、实验仪器、电子元器件、实验电路、数据记录表格等。

1.2.2　实验操作

操作是实验的具体实现阶段，学生必须严格遵守实验室的相关规定，正确选择仪器进行测量，记录实验数据，确保实验数据的真实性。这部分是培养学生实际动手能力的重点。具体要求如下。

（1）实验操作之前，了解实验操作要点和实验注意事项，要检测导线、检查芯片的型号，确认导线和芯片都是好的。

（2）在实验操作中，应按实验操作规范和预习准备的接线图连接电路，根据电路的功能以每个功能电路的核心元器件为中心布置实验电路。实验电路连接好后，应仔细检查电路，并初步判断实验的正确与否。如果正确，则结束操作；如果不正确，要用实验箱自带的三态逻辑笔进行测试并分析故障，判断检查故障的原因。在数字电子技术实验中，使用三态逻辑笔检测各点的状态是排除故障最有效的方法之一。灵活运用三态逻辑笔是数字电子技术实验中应该掌握的基本技能。找出错误原因，调整电路并重新进行测量，直至确定没有问题方可通电。

在实验过程中如果出现事故，应马上切断电源，然后向指导教师如实反映事故情况，并分析原因。如果有仪器被损坏，需按学校有关规定处理。

（3）根据给定数据观察电路的输入与输出的逻辑关系是否正确，记录对应的实验数据，记录的实验数据应为直接测量量，同时还应记录实验使用的仪器型号和编号及当时的状态，为分析实验结果做好准备。

（4）实验操作结束后，必须经指导教师检查，方可拆卸电路，清理元器件及连接线等，并将仪器恢复到实验前的状态。

1.2.3 实验报告

实验结束后，学生必须按照实验教程中实验报告的要求，对记录的现象和数据进行处理、计算和分析，给出实验结论，撰写实验报告。实验报告要求如下。

（1）简述实验目的、实验内容、实验步骤及实验器材，画出实验电路图。对于设计型实验，还应附有设计过程说明。

（2）整理实验中记录的原始数据、波形及观察到的现象，对记录的数据、波形进行处理、计算和分析，将实验结果与理论进行比较，得出结论。

（3）总结和归纳实验结果，写出实验体会。对实验中遇到的各种各样的问题进行讨论和分析，回答思考题，总结实验收获。

1.3 实验故障的检测与排除

一个数字逻辑系统通常由多个功能模块组成，每个功能模块都有确定的逻辑功能。查找数字逻辑系统故障，实际上就是找出故障所在的功能模块，然后再查出故障，并加以排除。

1.3.1 产生故障的主要原因

在进行数字电子技术实验时，如果实验电路达不到预期的逻辑功能，则称之为有故障。数字电路出现故障的原因很多，有的是因为电路中元器件自身的问题产生的故障，有的是因为设计或搭建过程中人为疏忽产生的故障。

（1）电子元器件故障。如果电子元器件的参数不合适、工作条件不具备，就会产生故障。电子元器件的热稳定性差，温度变化会导致其参数发生改变；电子元器件在使用过程中出现老化现象，其参数也将发生改变。

（2）设计故障。设计电路时未考虑所选器件及各器件之间在时间上的配合而出现故障。集成电路都有延迟时间，即输入信号通过集成电路需要延迟一段时间才能在输出端得到稳定的输出信号，输出信号稳定后才能输入给下一级。如果集成电路工作速度低，延迟时间长，则在输入信号频率较高时，会出现输出信号不稳定的故障。

（3）布线故障。在安装中出现断线、漏线、错线、多线，插错电子元器件，使能端信号加错或未加，多余输入端处理不当等问题，都会产生故障。

（4）接触不良故障。例如，插接件松动、虚焊、接点氧化等都会产生故障。

1.3.2 故障的查找

查找故障的目的是确定故障的原因和部位，以便及时排除，使系统恢复正常工作。查找故障通常采用以下方法。

（1）静态检查。在实验箱上连接一个完整电路，首先将电路通电，观察有无异常现象，然后对该电路进行功能测试，判断逻辑功能是否正常。静态检查是查找故障的重要方法，很大一部分故障可以在静态检查中发现并排除。

（2）范围确定。电路测试时，如果逻辑功能不符合预期要求，则说明发生了故障，需要查找问题出在何处，然后予以解决。通常采用顺序检查法，由输出级向输入级检查，直到找出故障的初始位置为止。对于较复杂的综合设计型实验电路或数字电路小系统，由于使用的集成电路较多，需要按功能划分为若干独立的子单元或按逻辑功能部件对有关电路进行分块检查，然后再将子单元电路连接起来进行联调。

（3）原因分析。在确定的故障点附近，找出产生故障的具体位置和原因。首先检查布线是否正确，其次检查元器件的连接是否正确，再次检查元器件的好坏，最后检查操作是否正确。

在实验过程中，一发现实验现象及结果不对就将接线全部拆掉再重新接线，这是最不可取的做法。很多学生习惯先检查接线，如果没有检查出接线错误，就认为实验电路与原理图相符。然而，接线没错并不等于实验电路是对的，也不等于和原理图相符。

1.3.3 故障的排除

故障查出后要及时排除。在故障排除过程中应注意以下几点。

（1）如果故障是由电子元器件的损坏所造成的，最好用同厂、同型号的电子元器件进行替换，也可用同型号的其他厂家的产品进行替换，但要保证质量。更换电子元器件时，要注意引脚的编号及插拔的力度。

（2）如果故障是由导线的断线、焊点的脱落引起的，则应更换为好的导线，焊接脱落的焊点。导线的粗细要适当，最好用不同的颜色以便区分。

（3）检查修复后的数字逻辑系统是否正常。只有确认数字逻辑系统功能完全恢复，达到规定的技术要求后，才能确信故障完全排除。

1.4 实验箱简介

ADCL-Ⅴ实验箱不仅为数字电子技术实验提供了实验环境，还为学生创新实验、开发实验提供了良好的实验平台。

1.4.1 实验箱的主要功能

ADCL-Ⅴ实验箱的操作面板如图 1-1 所示，分成 5 个区域：电源区、输入区、输出区、芯片区和三态逻辑笔。

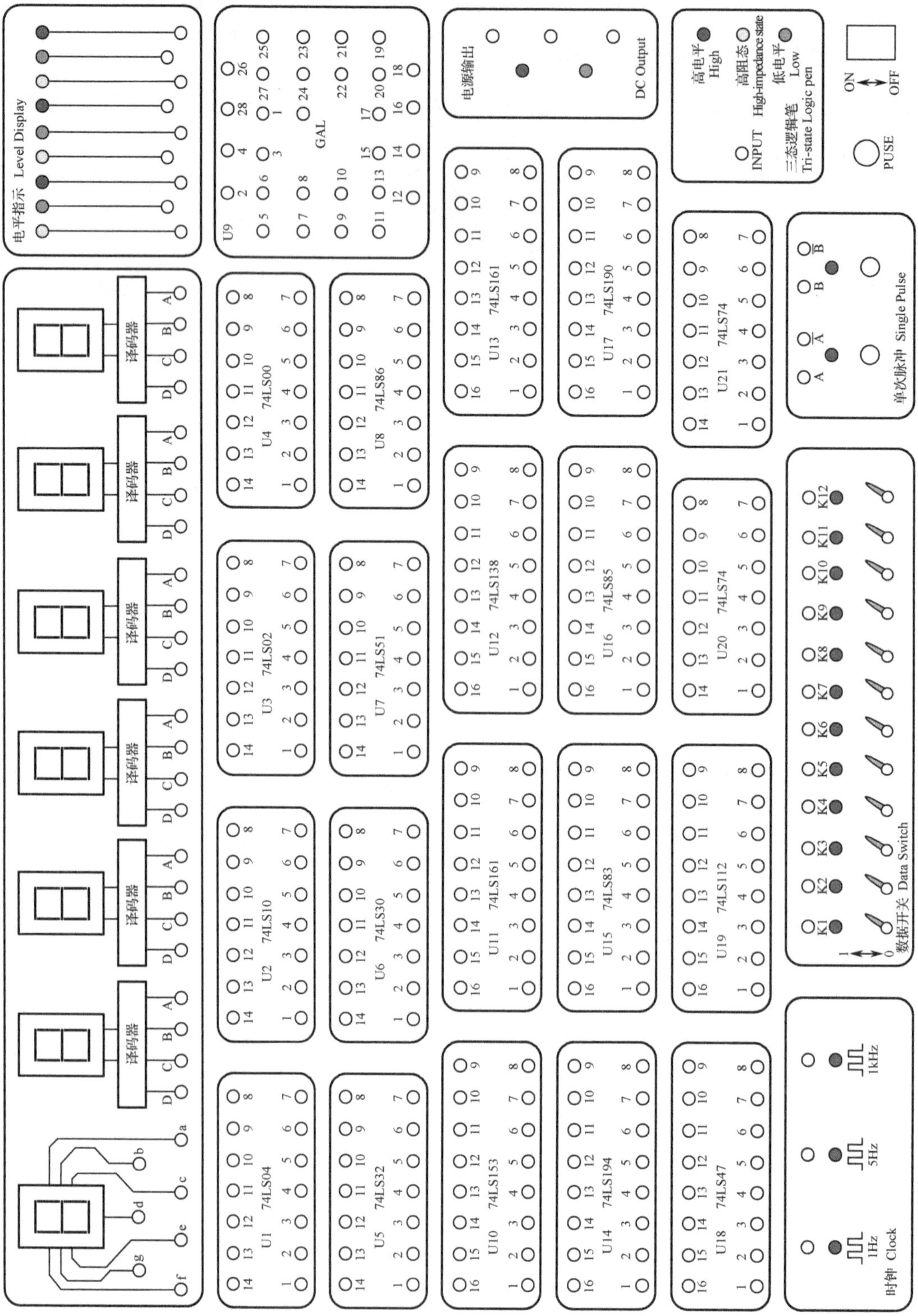

图1-1 ADCL-V实验箱的操作面板

（1）电源区。电源开关位于操作面板右下角，向上 ON 为开，向下 OFF 为关。数字电子技术实验要求直流+5V 供电。当打开电源开关时，实验箱电源输出+5V LED 红灯亮。

（2）输入区。输入信号包括连续时钟脉冲、逻辑电平和单次脉冲三种信号，分别由“时钟”区、“数据开关”区和“单次脉冲”区提供。

①“时钟”区。当打开电源开关时，在输出口将输出连续的幅值为 5V 的方波脉冲信号。其输出频率有 1Hz、5Hz、1kHz 三种，在对应的输出口输出，其指示灯（红）在正常情况下应按照相应的频率闪烁。

②“数据开关”区。由输入 12 位数据开关（K1～K12）和相应的逻辑电平输出口构成，为实验提供所需的逻辑电平信号。当开关上置时，对应的指示灯亮，逻辑为 1；当开关下置时，对应的指示灯不亮，逻辑为 0。

③“单次脉冲”区。每按一次该区中的按键，其输出口在正、负脉冲信号之间切换，它们公用一个指示灯。两路单次脉冲信号一个为正脉冲，一个为负脉冲。

（3）输出区。位于实验箱的最上面，由发光二极管和数码管构成。

① 9 个发光二极管。它们用来指示实验过程中输出的电平状态，有红、绿、黄三种颜色。当输入口接高电平时，对应的指示灯点亮；当输入口接低电平或悬空时，指示灯不亮。

② 1 个共阳极数码管和 6 个共阴极数码管。共阴极数码管配有 7448 译码器，每个共阴极数码管都有 A、B、C、D 共 4 个插孔用于输入。无信号输入时，各段均处于“熄灭”状态。当输入 0000～1001 时，则显示 0～9 的十进制数。注意公共端接地。

（4）芯片区。实验箱上有芯片插座 21 个，其中 14 引脚插座 10 个，16 引脚插座 10 个，28 引脚插座 1 个。对应的 28 引脚芯片为 ispGAL22V10，需要借助 ispVM System 软件来实现。

（5）三态逻辑笔。三态逻辑笔用于检测数字电路中的逻辑状态。将被测信号接入输入口，当检测信号为高电平时，红色指示灯亮；当检测信号为低电平时，绿色指示灯亮；当检测信号为高阻态或介于低电平与高电平之间时，黄色指示灯亮。

1.4.2 实验箱使用注意事项

使用实验箱时应注意以下几点。

（1）实验前应先检查各电源是否正常。

（2）接线前务必熟悉实验箱上各元器件的功能、参数及其接线位置，要熟悉各集成电路插脚引线的排列方式及接线位置。

（3）接线完毕，检查无误后，方可通电。严禁带电插拔芯片。

（4）要保持实验箱的清洁，不可随意放置杂物，特别是导电的工具和多余的导线等，以免发生短路故障。

（5）实验完毕，要关闭电源，拆除连接的导线。

第 2 章　实验常用仪器的使用

2.1　数字存储示波器基本功能介绍

数字存储示波器（简称示波器）具有触发、采集、缩放、定位测量、多次存储、连接打印机和计算机软件制图等多种功能，常用的有双通道黑白示波器和四通道彩色示波器。利用示波器可以检测各种物理量，如声音、机械应力、压力、光、热等，并且能够完成各种信号的监测和记录。学会使用示波器与一些基本测量仪器是理工科大学生应具备的基本能力。在实验课之前，应先了解示波器的基本功能和使用方法。

2.1.1　32TDS1002 示波器简介

1．面板说明

32TDS1002 示波器是双通道黑白示波器。其面板被分成几个易操作的功能区，用线条或线框划分，提供了有关控制功能的标识提示，如图 2-1 所示。

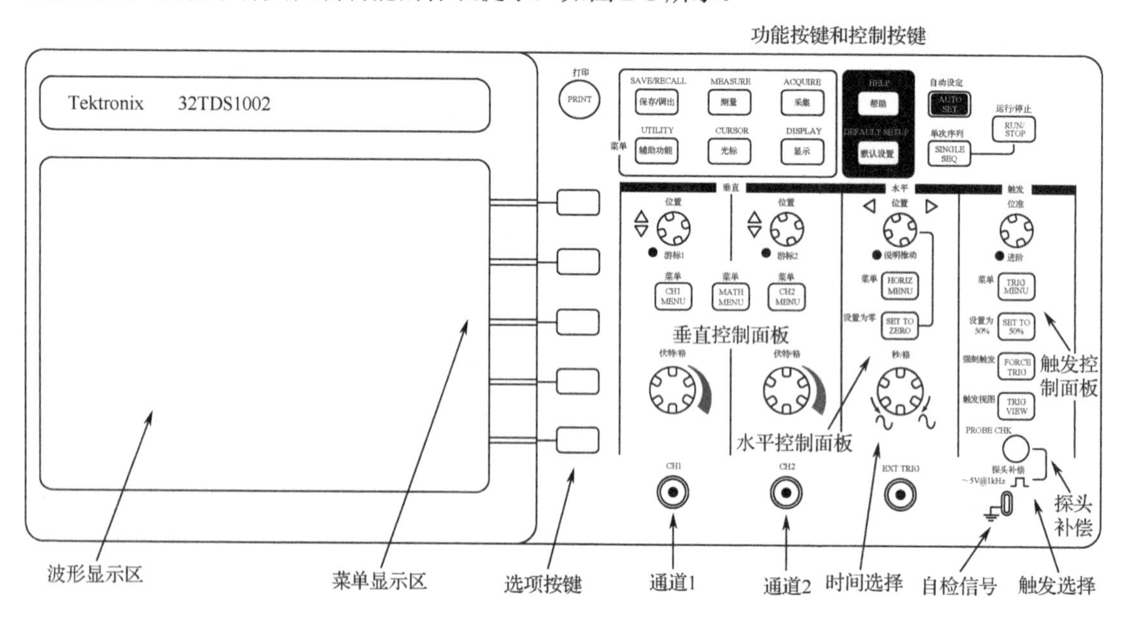

图 2-1　32TDS1002 示波器的面板

屏幕分为两个区域：左边为波形显示区；右边为菜单显示区，在屏幕外侧有 5 个对应的选项按键。为方便说明，将这 5 个选项按键从上向下编号为 1～5。

面板上部为功能按键和控制按键，中部为垂直控制面板、水平控制面板和触发控制面板，下部为信源和探头补偿。

2．菜单系统

通过示波器的菜单系统可以方便地使用各种功能。从图 2-1 中可以看到，有些按键旁边标有“菜单”字样，这样的按键我们统称为菜单按键。按下菜单按键，将在示波器屏幕右边的菜单显示区中显示相应的菜单。根据菜单提示，按下屏幕外侧对应的选项按键（在某些文档中，选项按键可能也称为屏幕按键、侧菜单按键、Bezel 钮或软键），可实现选择菜单选项的功能。

通常，菜单系统有以下三种操作方式。

① 选择子菜单。每次按下这类菜单按键，都会显示不同的子菜单（一般不超过三个）。例如，每次按下 TRIG MENU 按键，都会显示不同触发类型对应的子菜单，在边沿、视频、脉冲宽度子菜单之间切换。这些子菜单的选项也会有所不同。

② 循环列表。选项按键 1（也称为顶端选项按键）可用于显示循环列表。每次按下选项按键 1，都会显示不同的参数。例如，按下垂直控制面板中的 CH1 MENU 按键，将显示 CH1 控制菜单，每次按下“耦合”选项对应的选项按键 1，都会选择不同的耦合方式，在直流、交流、接地之间循环。

③ 单选按键。按下选项按键 1～5，表示选中对应的菜单选项，当前选项将高亮显示。例如，按下 ACQUIRE 按键，将显示采集菜单，其中包含不同的采集方式选项。要选择某个选项，可按下相应的选项按键。

3．波形显示

示波器的顶板左边有一个电源按键，按下后示波器通电，示波器的屏幕被点亮。此时，如果示波器处在测量状态下，信号幅值在 mV 范围内，在屏幕上会显示随机感应的不规则的杂波。在正式测量信号时，示波器的探头应按照规定接在被测端。幅值和时基调整合适后，示波器应该能显示输入信号的波形，同时在屏幕上不同的位置显示关于示波器控制设置的详细信息。除显示波形外，屏幕上还含有关于波形和示波器控制设置的详细信息，如图 2-2 所示。具体说明如下。

1）采集模式。通过 ACQUIRE 按键设置，包括：取样模式、峰值检测模式、均值模式等。

2）触发状态。包括：□已配备，R准备就绪，T已触发，●停止，○采集完成，A自动测量，S扫描信号。

3）触发水平位置标记。通过调整水平控制面板上的水平位置旋钮，可以调整该标记的位置。

4）触发水平位置读数。表示水平中心刻度线的时间（触发时间为零）。

5）“边沿”脉冲宽度触发电平位置标记，或选定的视频线或场。

6）波形的接地参考点标记。如果没有该标记，则不会显示通道。

7）箭头标记。有箭头标记，表示波形是反相的。

8）通道的垂直刻度系数读数。

9）B_W 标记。表示通道是带宽限制的。

10）主时基设置读数。

11）窗口时基设置读数。

12）触发使用的触发源。

13）“帮助向导”信息，如上升沿触发、下降沿触发、视频触发等。

14）触发电平读数。

15）其他有用信息。如果调出某个存储的波形读数，则显示基准波形信息，如 REFA 1.00V 500μs 等。

16）触发频率读数。

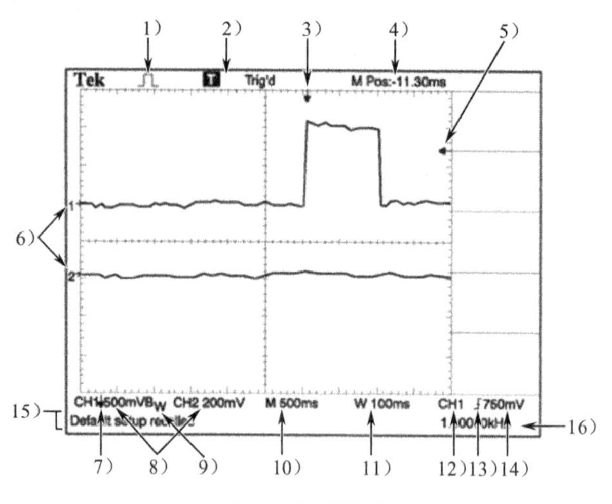

图 2-2　屏幕信息

4．功能按键和控制按键

面板上部的功能按键和控制按键如图 2-3 所示，说明如下。

SAVE/RECALL（保存/调出）：按下按键，将显示设置和波形的保存/调出菜单。

MEASURE（测量）：按下按键，将显示测量菜单。

ACQUIRE（采集）：按下按键，将显示采集菜单。

DISPLAY（显示）：按下按键，将显示显示菜单。

CURSOR（光标）：按下按键，将显示光标菜单。当显示光标菜单并且光标被激活时，“垂直位置”控制方式可以调整光标的位置。离开光标菜单后，光标保持显示（除非“类型”选项设置为“关闭”），但不可调整。

UTILITY（辅助功能）：按下按键，将显示辅助功能菜单。

HELP（帮助）：按下按键，将显示帮助菜单。

DEFAULT SETUP（默认设置）：按下按键，将自动调出厂家出厂设置。

AUTO SET（自动设定）：按下按键，将自动设置示波器的控制状态，以产生适合输出信号的显示图形。

SINGLE SEQ（单次序列）：按下按键，将采集单个波形，然后停止。

RUN/STOP（运行/停止）：按下按键，将连续采集波形或停止采集。

PRINT（打印）：按下按键，将开始打印操作。要求有适合 Centronics、RS-232 或 GPIB 端口的扩充模块。

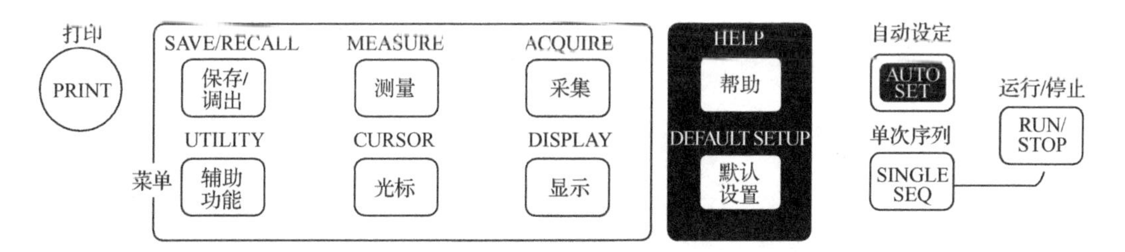

图 2-3　功能按键和控制按键

5. 垂直控制面板

垂直控制面板如图 2-4 所示。

① 垂直位置旋钮。有两个旋钮：游标 1 和游标 2，分别用于通道 1 和通道 2 垂直方向的定位。当使用某个游标旋钮时，对应的指示灯变亮，在这种状态下旋转位置旋钮，游标定位移动有效。

② CH1 MENU 和 CH2 MENU 按键。按下按键，将显示相应的垂直控制菜单，并打开或关闭相应通道波形的显示。

③ MATH MENU 按键。按下按键，将显示波形的数学运算菜单，并打开或关闭数学运算波形的显示。

④“伏特/格”旋钮。用于选择标定的垂直刻度系数。此旋钮还可用于打开和关闭功能菜单的其他子菜单，或者显示数学运算波形。

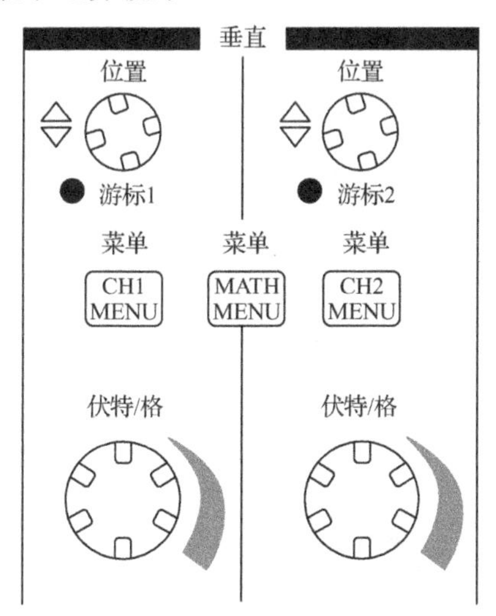

图 2-4　垂直控制面板

6. 水平控制面板

水平控制面板如图 2-5 所示。

① 水平位置旋钮。用于调整所有通道和数学运算波形的水平位置。水平控制的分辨率随时基设置的不同而改变。要对水平位置进行大幅调整，可先使用“秒/格”旋钮更改水平刻度系数。在使用水平控制面板调整波形时，触发水平位置读数表示水平中心刻度线（屏幕中心位置）的时间（触发时间为零）。

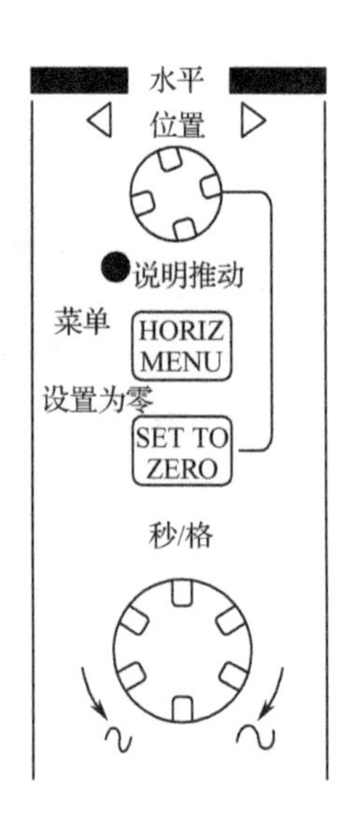

图 2-5　水平控制面板

② HORIZ MENU（水平菜单）按键。按下按键，将显示水平控制菜单。

③ SET TO ZERO（设置为零）按键。将触发水平位置从任意处移到水平刻度线的中心（定义为零）。

④“秒/格”旋钮。为主时基或窗口时基选择水平刻度系数（时间/格）。例如，如果窗口设定已启用，则通过更改窗口时基可以改变窗口的宽度。

7. 触发控制面板

触发控制面板如图 2-6 所示。

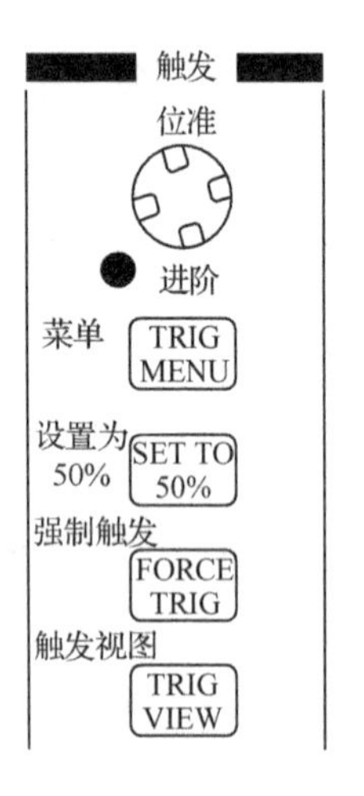

图 2-6　触发控制面板

① 位准旋钮。该旋钮有两个功能：设置电平幅值和用户选择。使用边沿触发方式时，该旋钮的基本功能是设置电平幅值。触发信号的幅值必须高于它才能进行采集。还可使用此旋钮实现用户选择的其他功能。

② TRIG MENU 按键。按下按键，将显示触发菜单。

③ SET TO 50%（设置为 50%）按键。按下按键，将触发电平设置为触发信号峰值的垂直中点。

④ FORCE TRIG（强制触发）按键。按下按键，不管触发信号是否适当，都完成采集。若采集已停止，则该按键不产生影响。

⑤ TRIG VIEW（触发视图）按键。按下按键，将显示触发波形而不显示通道波形。可用此按键查看触发设置等对触发信号的影响。

8. 简单测量

（1）测量单个信号

按下 CH1 MENU 按键，显示 CH1 控制菜单，将“探头”设定为 10X，并连接探头与信号。按下 AUTO SET 按键，由示波器自动设置垂直、水平和触发控制状态。示波器将根据检测到的信号进行模数转换及相应的处理，在屏幕上自动显示测量的波形和数据。也可手动调整设置。

（2）自动测量

示波器可自动测量大多数显示出来的信号。要测量信号的频率、周期、峰-峰值、上升时间及正频宽，可按下 MEASURE 按键，显示测量菜单。具体操作步骤如下：

1）测量信号的频率。

① 按下选项按键 1，显示测量 1 菜单。

② 按下选项按键 1，“信源”选择 CH1，即通道 1；按下选项按键 2，“类型”选择“频率”。此时，菜单中的值读数将显示测量结果及更新信息。

③ 按下“返回”对应的选项按键 5，返回测量菜单。

2）测量信号的周期。

① 按下选项按键 2，显示测量 2 菜单。

② “信源”选择 CH1，“类型”选择“周期”。此时，菜单中的值读数将显示测量结果及更新信息。

③ 按下“返回”对应的选项按键 5，返回测量菜单。

3）测量信号的峰-峰值。

① 按下选项按键 3，显示测量 3 菜单。

② “信源”选择 CH1，“类型”选择“峰-峰值”。此时，菜单中的值读数将显示测量结果及更新信息。

③ 按下“返回”对应的选项按键 5，返回测量菜单。

4）测量信号的上升时间。

① 按下选项按键 4，显示测量 4 菜单。

② “信源”选择 CH1，“类型”选择“上升时间”。此时，菜单中的值读数将显示测量结果及更新信息。

③ 按下“返回”对应的选项按键 5，返回测量菜单。

5）测量信号的正频宽。

① 按下选项按键 5，显示测量 5 菜单。

② “信源”选择 CH1，“类型”选择“正频宽”。此时，菜单中的值读数将显示测量结果及更新信息。

③ 按下“返回”对应的选项按键 5，返回测量菜单。

测量方波结果见图 2-7。

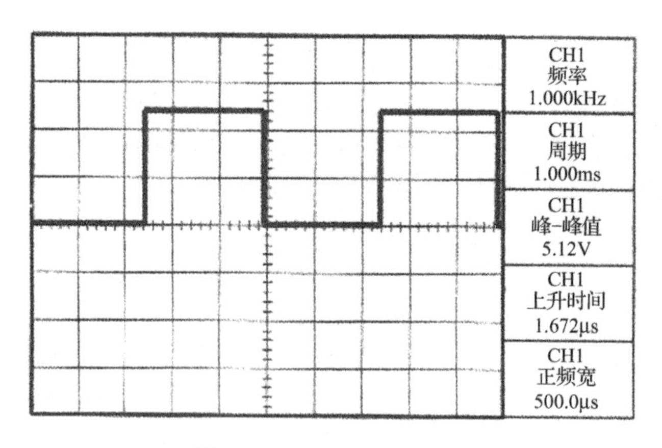

图 2-7　显示测量方波结果

（3）测量两个信号

要得到测试音频放大器的电压增益，需要分别测量音频发生器的输入端和音频放大器的输出端。测量操作时，可将示波器的两个通道的探头分别接在被测信号的连接处，接地端统一接地。首先，适当调整触发位置到可见两个稳定波形为止。然后，根据两个信号的测量结果，可以计算出音频放大器的电压增益。

1）激活并显示连接到通道 1 和通道 2 的信号。

① 如果未显示通道，可按下 CH1 MENU 和 CH2 MENU 按键，使屏幕上出现两条曲线。

② 按下 AUTO SET 按键。

2）选择通道 1 进行测量。

① 按下 MEASURE 按键，显示测量菜单。

② 按下选项按键 1，显示测量 1 菜单。

③ “信源”选择 CH1，“类型”选择“峰-峰值”。

④ 按下“返回”对应的选项按键 5，返回测量菜单。

3）选择通道 2 进行测量。

① 按下 MEASURE 按键，显示测量菜单。

② 按下选项按键 2，显示测量 2 菜单。

③ “信源”选择 CH2，“类型”选择“峰-峰值”。

④ 按下“返回”对应的选项按键 5，返回测量菜单。

4）读取两个通道的峰-峰值。

5）要计算音频放大器的电压增益，可使用以下公式：

$$\text{电压增益} = \frac{\text{输出电压幅值}}{\text{输入电压幅值}}$$

$$\text{电压增益（dB）} = 20\lg\frac{\text{输出电压幅值}}{\text{输入电压幅值}}$$

实测电路及屏幕显示如图 2-8 所示。

（4）保存和调出

示波器具有保存和调出已测量波形的功能。

设置功能：显示用于保存和调出设置的菜单选项。

设置记忆：设置保存内容到指定的 1～10 存储器内。

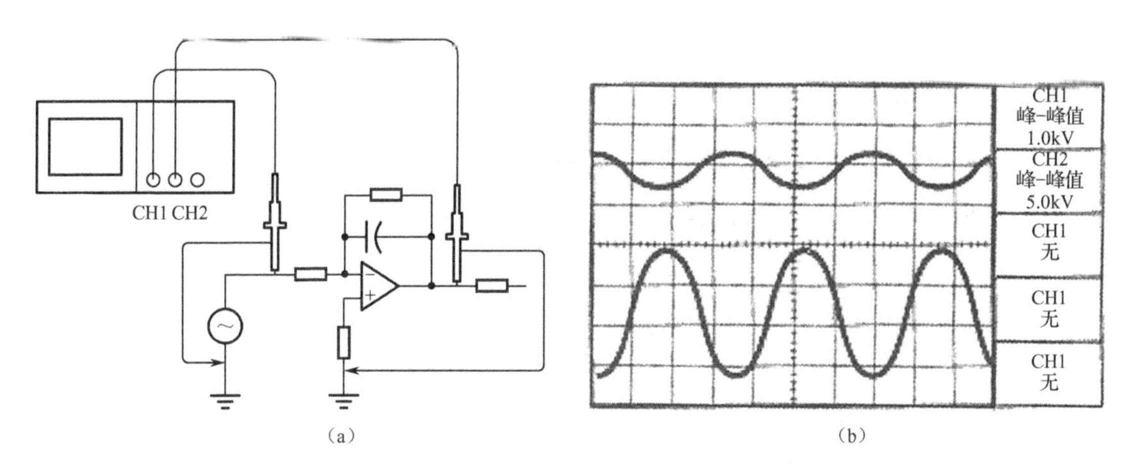

图 2-8　实测电路及屏幕显示

保存：按下 SAVE/RECALL 按键，显示保存/调出菜单；按下选项按键 1 选中“波形”，按下选项按键 4 选中“保存”，即可完成当前屏幕显示波形的保存。

调出：按下 SAVE/RECALL 按键，显示保存/调出菜单；按下选项按键 1 选中“波形”，按下选项按键 5 使之切换到“开启”选项，此时，屏幕上将显示最后一次存入的波形。

对于波形的保存和调出，首先应确定信号源 CH1、CH2 及参考位置 Ref A 或 B，波形被存入后，选项按键 5 切换“关闭”和“开启”选项，并控制存入波形的消失和显示。

2.1.2　TDS1000C-EDU 示波器简介

TDS2000C 和 TDS1000C-EDU 示波器是彩色示波器。彩色示波器与黑白示波器的使用方法相似。彩色示波器增加了一些新的功能，如软件极限测试、模板测试、8 小时记录、USB 接口、LabVIEW 软件及 PCB 制图软件等。TDS1000C-EDU 示波器的面板如图 2-9 所示。

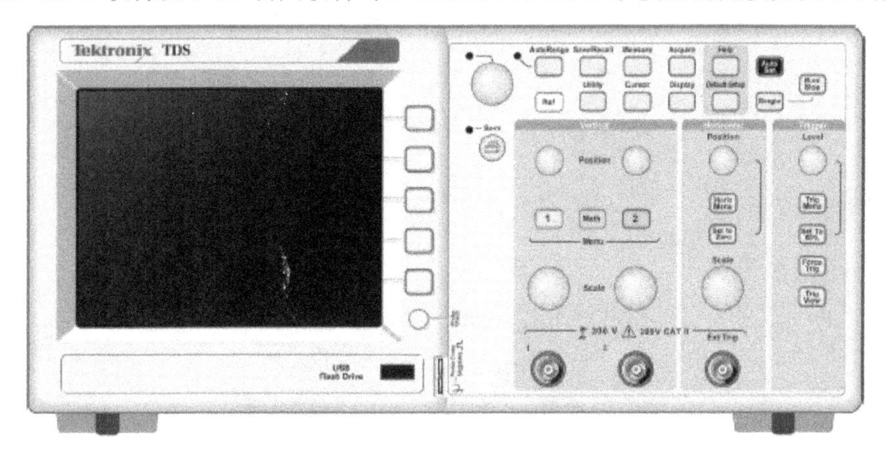

图 2-9　TDS1000C-EDU 示波器的面板

1. 波形显示

除显示波形外，屏幕上还含有关于波形和示波器控制设置的详细信息，如图 2-10 所示。图中标号 1）～15）的含义与黑白示波器的相同，16）为日期和时间，17）为触发频率。

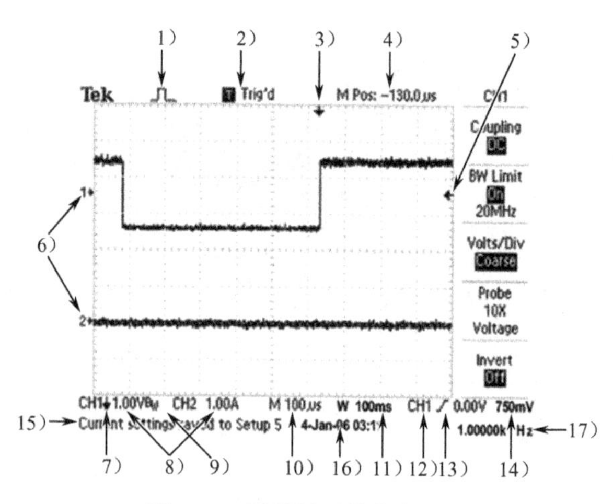

图 2-10　屏幕显示的信息位置

2. 功能按键和控制按键

如图 2-11 所示，这些功能按键和控制按键需要与屏幕反馈构成交互式使用方式，这里不详细介绍。

另外，多用途旋钮通过显示的菜单或选定的菜单选项来选择功能。激活时，对应的指示灯点亮。

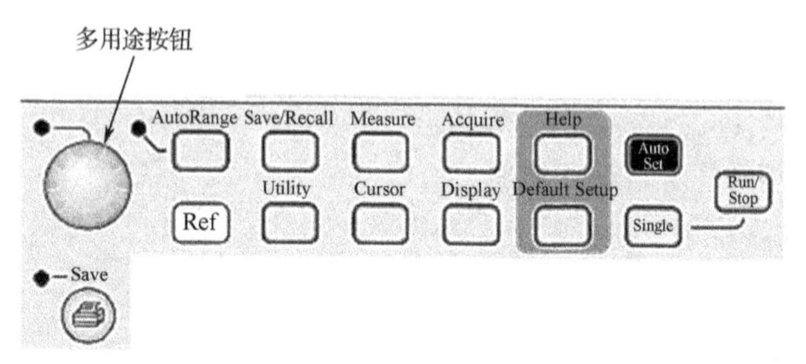

图 2-11　功能按键和控制按键

3. 垂直控制面板

垂直控制面板如图 2-12 所示。

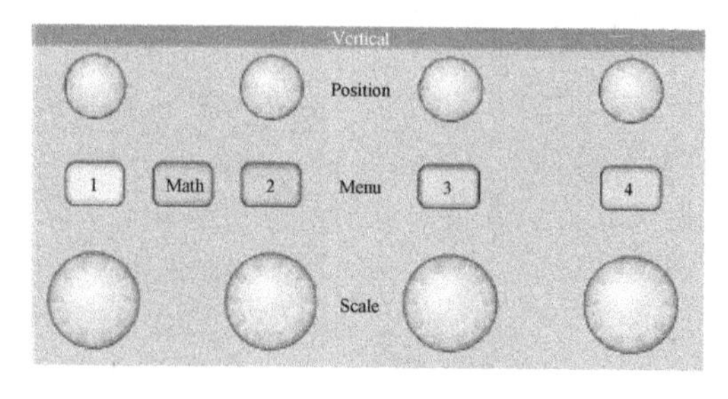

图 2-12　垂直控制面板

Position（位置）旋钮：有 4 个旋钮，用于垂直定位波形。

Menu（菜单）按键：有 4 个按键，用于显示垂直控制菜单，并打开或关闭波形的显示。

Math（数学）按键：用于显示波形的数学运算菜单，并打开或关闭数学运算波形的显示。

Scale（标度）旋钮：有 4 个旋钮，用于设置垂直刻度系数。

4. 水平控制面板

水平控制面板如图 2-13 所示，其中 Position（位置）旋钮、Horiz Menu（水平菜单）按键、Set to Zero（设置为零）按键、Scale（标度）旋钮的功能同黑白示波器。

5. 触发控制面板

触发控制面板如图 2-14 所示，其中 Level（位准）旋钮、Trig Menu（触发菜单）按键、Set to 50%（设置为 50%）按键、Force Trig（强制触发）按键、Trig View（触发视图）按键的功能同黑白示波器。

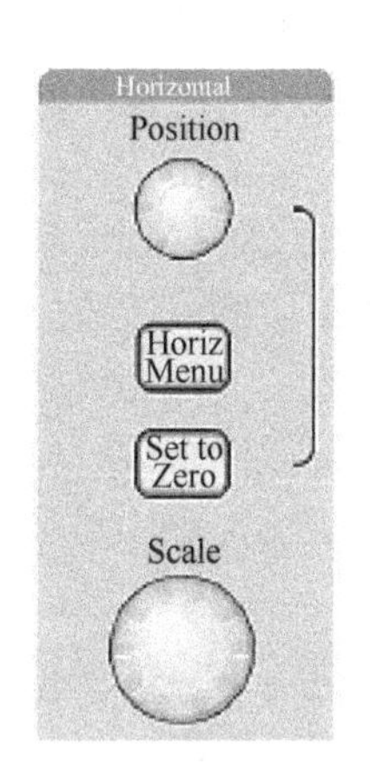

图 2-13　水平控制面板

图 2-14　触发控制面板

6. 闪存驱动器端口

可以使用闪存驱动器保存或检索数据。将闪存插入此端口后，屏幕上将显示时钟图标以表示闪存驱动器激活的时间；操作完成后，该图标消失，之后会显示一行提示信息，通知保存或调出操作已完成。

2.2　GFG-8026H 函数信号发生器

GFG-8016H/26H 函数信号发生器能产生正弦波、方波、三角波、斜波、脉冲波等信号，频率可高达 2MHz，普遍应用于音频响应测试、震动测试、超音波测试等方面。

2.2.1　面板说明

如图 2-15 所示为 GFG-8026H 函数信号发生器的面板。同系列产品，其面板上各个按键、旋钮的功能和操作方法基本相同，但位置可能有所不同。这里只介绍如图 2-15 所示面板上主要按键、旋钮的功能和操作方法。

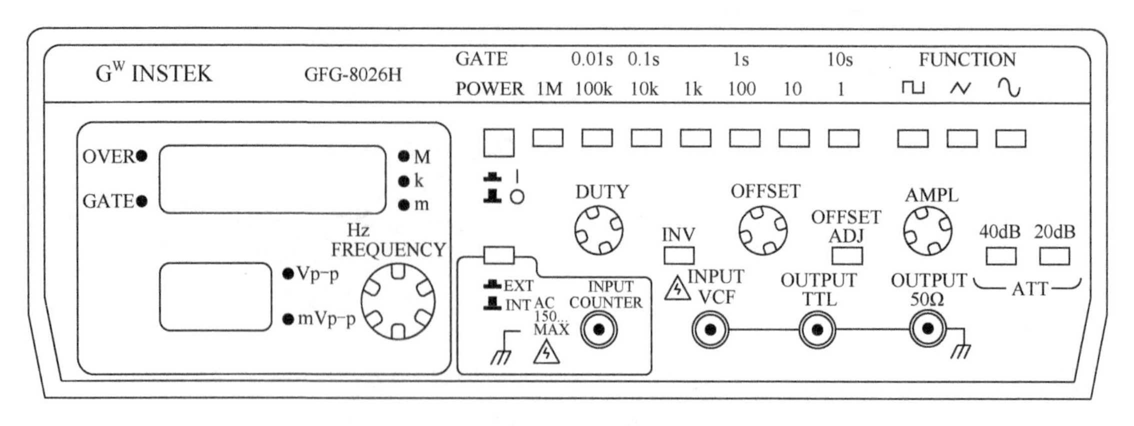

图 2-15　GFG-8026H 函数信号发生器的面板

（1）POWER 按键：电源开关，按下该按键，整机接通电源开始工作。

（2）GATE 指示灯：按下 POWER 按键后，此指示灯就开始闪动。

（3）OVER 指示灯：外部计数时，当频率高于计数范围时，此指示灯会亮。

（4）LED 数码屏：用于显示测量到的外部频率。

（5）频率单位指示灯：有三个指示灯，用于显示测量到的外部频率的单位（M\k\m）。

（6）频率范围选择按键：在 POWER 按键右侧，有 7 个按键，用于选择不同的频率范围（1M\100k\10k\1k\100\10\1）。

（7）FUNCTION 按键：用于选择波形。有三个按键，分别为方波（占空比可调节）、三角波和正弦波。

（8）FREQUENCY 旋钮：用于微调频率。

（9）DUTY、OFFSET 和 AMPL 旋钮：分别用于调节占空比、DC 偏置和幅值的大小，初始一般为逆时针旋到头的位置，需要时再进行调节。顺时针旋转增大，逆时针旋转减小。

（10）20dB 和 40dB 按键：按下 20dB 按键，信号衰减为原来的 1/10；按下 40dB 按键，信号衰减为原来的 1/100；两个按键同时按下，信号衰减为原来的 1/1000。

（11）OUTPUT TTL 和 OUTPUT 50Ω：两个信号输出探头。OUTPUT TTL 输出 TTL 波形，OUTPUT 50Ω 输出“输出阻抗为 50Ω”的模拟信号。

2.2.2　操作举例

GFG-8026H 函数信号发生器能够提供不同类型的信号，用示波器进行观察，可以看到规范的波形。例如，实验需要信号频率为 f=1000Hz，幅值为 5mV 的方波，具体操作步骤如下。

（1）按下 POWER 按键。

（2）输入频率。按下方波按键，再按下 1k 按键（频率为 1kHz），观察 LED 数码屏上显示的频率数值。如果显示的频率不是 1000Hz，则需要调节 FREQUENCY 旋钮，小范围地改变频率。

（3）同时按下 20dB 和 40dB 按键，使内部信号衰减为原来的 1/1000。将输出信号连接到数字交流毫伏表上，然后调节函数信号发生器的 AMPL 旋钮，并同时观察数字交流毫伏表的读数，到达 5mV 后停止。为了获得准确的 5mV，可以稍微停留一会儿再进行调准。

（4）调好后，函数信号发生器的输出信号频率为 f=1000Hz，幅值为 5mV。把这个信号接到实验电路输入端的操作方法是：将黑色的鳄鱼夹接地，将红色的鳄鱼夹连接实验电路的输入端。

2.3 SFG-1000 系列函数信号发生器

SFG-1000 系列函数信号发生器采用了数字合成（DDS）技术，解决了一系列传统函数信号发生器所遇到的问题，例如，电阻、电容元件的温度变化可能会影响输出频率的精度和分辨率等。

SFG-1000 系列函数信号发生器包括 SFG-1013、SFG-1023 等型号。

SFG-1023 函数信号发生器的面板如图 2-16 所示。

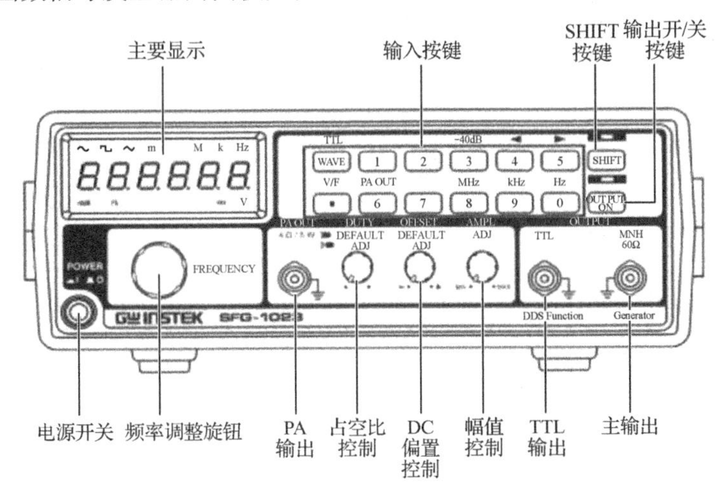

图 2-16 SFG-1023 函数信号发生器的面板

2.3.1 面板说明

（1）电源开关

POWER（电源）开关：整机的电源开关，用于电源的接通和断开。按下将接通电源，再按一次将断开电源。

（2）输入按键

输入按键包括 12 个按键。有些输入按键提供第二（上挡）功能，使用 SHIFT 按键（称为上挡键）可以选择输入按键的上挡功能。当按下 SHIFT 按键时，输入按键上方的指示灯点亮，表示该按键上方标定的功能有效。

选择正弦波、方波、三角波：按下 WAVE（波形）按键，可以切换显示这三种波形。

输入频率：组合使用 0～9 号按键和“.”（小数点）按键，可以输入需要的频率数值。

产生 TTL：按下 SHIFT 按键，再按下 WAVE 按键，TTL 指示灯会出现在屏幕上。

频率选择：由 SHIFT 按键配合频率单位 MHz、kHz 和 Hz 对应的按键，可以输入需要的频率，然后用 FREQUENCY 旋钮微调频率。

光标选择：配合 SHIFT 按键，左、右移动光标，可以改变频率的数字位置。

调节信号衰减为−40dB：按下 SHIFT 按键，再按下 3 号按键，使用上挡−40dB 功能，然后用幅值调节旋钮手动调到需要的数值。

显示电压或频率：按下 SHIFT 按键，再按下“.”按键，使用上挡 V/F 功能，在电压和频率之间切换显示。

（3）控制旋钮

幅值控制：AMPL ADJ 旋钮用于调节正弦波、方波、三角波信号的幅值。对于精确小信号，需要仔细观察并调整此旋钮。对于 SFG-1013，此旋钮有推拉功能，拉起此旋钮可将信号衰减为−40dB，即幅值衰减为原来的 1/100。

DC 偏置控制：OFFSET DEFAULT ADJ 旋钮有推拉功能，拉起此旋钮可设置显示正弦波、方波、三角波时的直流偏压范围。逆时针旋转减小，顺时针旋转增大。加 50Ω 负载时，其范围在−5V～+5V 之间。

占空比控制：DUTY DEFAULT ADJ 旋钮有推拉功能，拉起此旋钮可在 25°～75°范围内调整正弦波、方波或 TTL 的占空比。逆时针旋转减小，顺时针旋转增大。

2.3.2 操作举例

SFG-1000 函数信号发生器能够提供不同类型的信号，用示波器可以看到规范的波形。例如，要获得交流信号频率为 1500Hz，幅值为 5mV 的方波，具体操作步骤如下。

（1）按下 POWER 开关，开始工作。

（2）输入信号的频率，方法如下：

① 按下 WAVE 按键，切换到显示方波。

② 按下 1 号按键输入数字 1。

③ 按下“.”按键输入小数点。

④ 按下 5 号按键输入数字 5。

⑤ 最后设置频率单位，按下 SHIFT 按键选择上挡功能，再按下 9 号按键（表示选择 9 号按键上方标定的 kHz 功能），将在数字后面显示频率单位 kHz。

⑥ 观察屏幕显示，如果数值显示为 1.500kHz，则完成了频率输入的设定。如果需要小范围地改变频率，可根据需要调整 FREQUENCY 旋钮。

（3）信号的频率调好后，接着输入信号的幅值。SFG-1000 函数信号发生器显示信号的峰-峰值，5mV 信号的峰-峰值是 10mV。输入 10mV 信号幅值的操作步骤如下。

① 按下 SHIFT 按键，按下“·”按键（使用其上挡 V/F 功能），然后切换为显示电压。

注：每按一下 SHIFT 按键，对应的 V/F 功能就切换一次。

② 确认切换为电压显示后，再按下 3 号按键（使用其上挡−40dB 功能），设置信号衰减。

③ 调节 AMPL ADJ 旋钮，观测屏幕显示为 10mV 后停止，这就是 5mV 信号的峰-峰值，也就是需要的输入信号。

④ 调好后，输出信号频率为 1500Hz，幅值为 5mV。这个信号要接到实验电路的输入端。操作方法是，将黑色鳄鱼夹接地，将红色鳄鱼夹连接实验电路的输入端，然后就可以开始做实验了。

2.4 YB2172 数字交流毫伏表

1. 基本性能和使用范围

YB2172 数字交流毫伏表适合测量正弦波电压有效值信号。该仪器采用 4 位数字显示，频率特性好，量程与显示直观，操作方便简单。下面介绍其基本性能和使用范围。

（1）交流电压测量范围：30μV～300V。

（2）电压量程：3mV\30mV\300mV\3V\30V\300V。

（3）输入阻抗：大于 10MΩ。

（4）输入电容：小于 35pF。

（5）输出电压频率响应：在 10Hz～200kHz 之间时为±3%（以 1kHz 为基准，无负载）。

（6）分辨率：1μV。

（7）电源电压：AC 200V±10%，50Hz±4%。

（8）频率范围：10Hz～2MHz。

2. 使用方法

（1）接通电源开关，预热 5min。

（2）检查量程是否大于被测输入信号的幅值，调节量程旋钮使其处于合适的位置上。

（3）把探头接到被测输入信号上。

（4）调节量程旋钮，使数字显示在合适的位置上，能够读出稳定的输入数值。

（5）在测量输入信号电压时，若输入信号的幅值超过满量程的约+14%，仪器面板上显示的数据会闪烁，此时必须更换量程到超量程状态，以确保仪器测量准确性。

3. 操作前应注意的问题

（1）打开电源开关后，数码管点亮，大约有几秒钟不规则的数据显示，这是正常现象，过一段时间才能稳定下来。

（2）当仪器处于手动转换量程状态时，严禁长时间使输入电压大于量程所能测量的最大电压，以免仪器损坏。

2.5 SM1000 系列数字交流毫伏表

2.5.1 面板说明

SM1000 系列数字交流毫伏表包括 SM1020、SM1030 等型号，这里介绍 SM1030 数字交流毫伏表。

如图 2-17 所示为 SM1030 数字交流毫伏表的面板，部分按键功能说明如下。

1. 按键

“电源”按键：开机时显示厂标和型号，然后进入初始状态（输入 A，手动，量程 300V）。

“自动”按键：切换到自动选择量程。在自动位置，若输入信号小于当前量程的 1/10，则自动减小量程；若输入信号大于当前量程的 4/3 倍，则自动加大量程。

“手动”按键：无论当前状态如何，按下“手动”按键都会切换为手动选择量程，并恢复到初始状态。在手动选择时，要根据“过压”和“欠压”指示灯的提示，改变量程。

“3mV\30mV\300mV\3V\30V\300V”按键：量程选择按键，用于手动选择量程。

“ON/OFF”按键：按下进入程控状态，再次按下退出程控状态。

“确认”按键：确认地址。

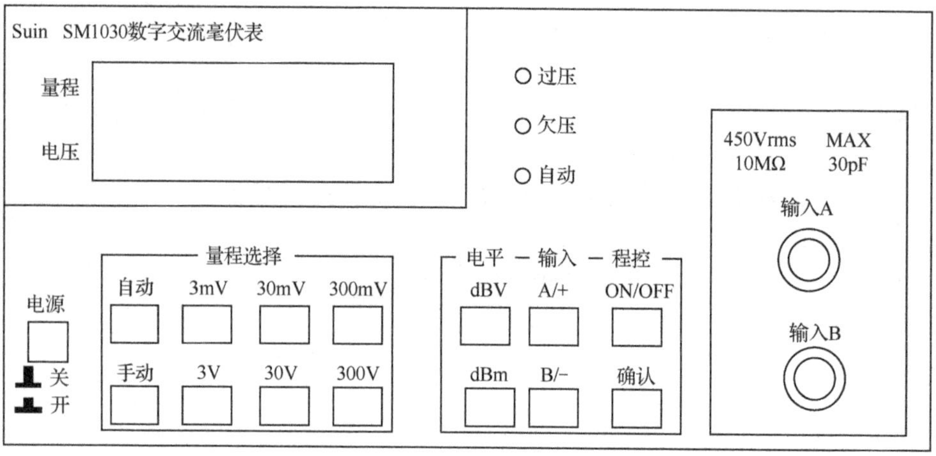

Suin SM1030数字交流毫伏表
量程
电压
过压
欠压
自动
450Vrms MAX
10MΩ 30pF
输入A
输入B
电源
关
开
量程选择
自动 3mV 30mV 300mV
手动 3V 30V 300V
电平 — 输入 — 程控
dBV A/+ ON/OFF
dBm B/− 确认

图 2-17 SM1030 数字交流毫伏表的面板

“dBV”按键：电平选择按键，显示电压电平，0dBV=1V。

“dBm”按键：电平选择按键，显示功率电平，0dBm=1mW，600Ω。

“A/+”按键：输入选择按键，切换为输入 A，屏幕和指示灯都显示输入 A 的信息，并且量程选择按键和电平选择按键对输入 A 起作用。设定为程控时，“+”按键起加地址作用（SM1020 没有此按键）。

“B/−”按键：输入选择按键，切换为输入 B，屏幕和指示灯都显示输入 B 的信息，并且量程选择按键和电平选择按键对输入 B 起作用。设定为程控时，“−”按键起减地址作用（SM1020 没有此按键）。

2．端口

“输入 A”端：A 输入端。

“输入 B”端：B 输入端。

3．指示灯

“自动”指示灯：按下“自动”按键切换为自动选择量程时，该指示灯亮。

“过压”指示灯：输入电压大于当前量程的 4/3 倍时，该指示灯亮。

“欠压”指示灯：输入电压小于当前量程的 1/10 时，该指示灯亮。

4．屏幕显示

（1）开机时显示厂标和型号。

（2）显示工作状态和测量结果。

① 设定和检索地址时，显示本机接口地址。

② 显示当前量程和输入端。

③ 显示输入电压，具有 4 位有效数字，带小数点和单位。

2.5.2 操作举例

（1）开机。按下“电源”按键，电源接通，进入初始状态，预热 30min。

（2）接输入信号。可通过输入选择按键切换到需要设置和显示的输入端上。

（3）手动测量。可从初始状态（输入 A，手动，量程 300V）输入被测信号，然后根据“过压”和“欠压”指示灯的提示手动改变量程。若“过压”指示灯亮，则说明信号电压太大，应加大量程；若“欠压”指示灯亮，则说明输入电压太小，应减小量程。

（4）自动测量。可以切换为自动选择量程。此时，仪器将根据信号的大小自动选择合适的量程。若“过压”指示灯亮，屏幕显示****V，则说明信号太大，超出了本仪器的测量范围。若“欠压”指示灯亮，屏幕上显示 0，则说明信号太小，也超出了本仪器的测量范围。

（5）RS-232 接口。

① 进入程控状态。开机后，仪器工作在本地操作状态下，按下“ON/OFF”按键，显示 RS-232。然后在屏幕左上角出现出厂时设定的地址 19，可以用“A/+”和“B/−”按键，在 0～19 之间设定所需的地址。按下“确认”按键，结束地址设定，等待串口输入命令。需要返回本地时，按下“ON/OFF”按键。

② 地址信息。仪器进入程控状态后，开始接收控制者发出的信息，并根据标志位判断是地址信息还是数据信息。如果收到的是地址信息，再判断是不是本机地址，如果不是本机地址，则不接收此后的任何数据信息，继续等待控制者发来的地址信息。如果判断为本机地址，则开始接收此后的数据信息，直到控制者发来下一个地址信息，再重新进行判断。关于接口参数，请参考相关的说明书。

③ 应用说明。输入命令码 opte 后，将清空屏幕。如果输入命令码错误，则显示“发送错误，重新发送”。编写应用程序时，每个命令码的结尾都必须加结束符 Chr(10)。

第 3 章　Multisim 14 仿真软件简介

3.1　概述

随着计算机技术的飞速发展，电子电路的分析与设计方法发生了重大变革，以计算机为工作平台的电子设计自动化（EDA）技术在电子电路设计和分析领域得到广泛应用。Multisim 14 是美国国家仪器公司推出的交互式 SPICE 仿真和电路分析软件的新版本，专门用于原理图捕获、交互式仿真、电路板设计和集成测试。Multisim 14 以其界面形象直观、操作方便、分析功能强大、易学易用等突出优点，深受广大电子电路设计工作者的喜爱，特别是在许多高等院校，已将 Multisim 14 作为电子类课程和实验的重要辅助工具。Multisim 14 与其他仿真软件相比具有如下优点。

（1）系统集成度高，界面形象直观、操作方便。使用该软件可以很方便地创建原理图，测试分析仿真电路以及显示仿真结果等。整个操作界面就像一个实验工作台，有仿真元器件、测试仪表，而且某些仿真元器件和测试仪表的外形与实物非常接近，使用方法也基本相同，因而该软件易学易用。

（2）具有很强的电路仿真能力。提供改进的仿真和分析流程，所有分析及其设置都放在一个对话框中，以便更直观地设置和仿真分析。在电路窗口中既可以分别对数字或模拟电路进行仿真分析，又可以将二者连接在一起进行仿真分析。

（3）具有完备的电路分析方法。可以利用探针清晰而方便地对电压、支路电流和功率等进行测量，还可以通过测试仪表方便地观察测试结果。另外，还提供了电路的直流工作点分析、瞬态分析和失真分析等 18 种常用的电路仿真分析方法，这些分析方法基本能满足一般电子电路的分析与设计要求。

（4）提供了多种输入输出接口。提供了与其他电路仿真软件接口的功能，可以输入由 PSPICE 等所创建的网络表文件，并自动形成相应的电路原理图，也可以将电路原理图文件输出给 Protel 等，以便进行印制电路板设计。

使用 Multisim 14 可交互式地搭建电路原理图，并对电路行为进行仿真。Multisim 14 提炼了 SPICE 仿真的复杂内容，这样使用者无须掌握很多的 SPICE 技术就可以很快地进行捕获、仿真和分析新的设计，这也使其更适合电子类课程的教学。

3.2　基本界面

在启动 Multisim 14 仿真软件之后，便进入了其基本界面，如图 3-1 所示。Multisim 14 的基本界面主要包括菜单栏、系统工具栏、视图工具栏、仿真工具栏、元件[①]工具栏、仪表工具栏、设计工具箱、电路窗口、电子表格窗口等内容。

---

① 软件中，元器件统一称为元件。

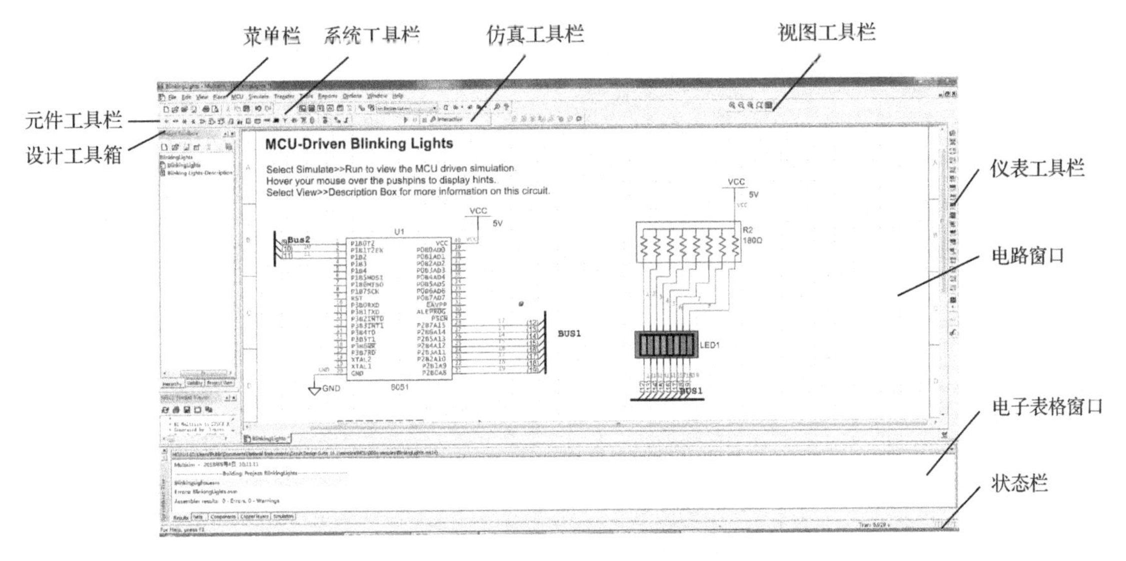

图 3-1 Multisim 14 基本界面

3.2.1 菜单栏

菜单栏包括 12 个菜单，提供实现电路文件的存取、SPICE 文件的输入和输出、电路图的编辑、电路的仿真与分析、帮助等功能的命令。

1. File（文件）菜单

该菜单主要用于管理所创建的电路文件，包括打开、保存和打印等菜单命令，如图 3-2 所示。其中大多数菜单命令与一般 Windows 应用软件的基本相同，不再赘述。这里只介绍 Multisim 14 特有的菜单命令。

（1）Open samples：打开软件安装路径下自带的实例。

（2）Snippets：对工程中某部分电路进行的操作。该菜单命令包括 4 个子菜单命令：Save selection as snippet，将所选内容保存为片断；Save active design as snippet，将有效设计保存为片断；Paste snippet，粘贴片断；Open snippet file，打开片断文件。

（3）Projects and packing：对工程进行的操作。该菜单命令包括 8 个子菜单命令：New project，创建工程；Open project，打开工程；Save project，保存工程；Close project，关闭工程；Pack project，打包工程；Unpack project，解包工程；Upgrade project，升级工程；Version control，控制工程的版本，允许用户用系统默认产生的文件名或自定义文件名作为备份文件名称对当前工程进行备份，也可以恢复以前版本的工程。

（4）Print options：打印选项。该菜单命令包括两个子菜单命令：Print sheet setup，打印电路设置选项；Print instrument，打印当前工作区内仪表波形图。

2. Edit（编辑）菜单

该菜单主要用于在电路绘制过程中对电路和元件进行各种技术性处理，如图 3-3 所示。其中一些常用的菜单命令与一般 Windows 应用软件的基本相同，不再赘述。这里只介绍 Multisim 14 特有的菜单命令。

（1）Paste special：对子电路进行操作。该菜单命令包括两个子菜单命令：Paste as subcircuit，将剪贴板中的已选内容粘贴成子电路的形式；Paste without renaming on-page connectors，对子电路进行层次化编辑，完成对子电路的嵌套。

（2）Delete multi-page：从多页电路文件中删除指定的页，该操作无法撤销。

（3）Find：查找当前工作区内的元件，其中包括要寻找元件的名称、类型及寻找的范围等。

（4）Merge selected buses：对工程中选定的总线进行合并。

（5）Graphic annotation：添加图形注释，包括填充颜色和样式，画笔颜色和样式及箭头类型。

（6）Order：安排已选项目的放置层次。

（7）Assign to layer：将已选的项目安排到层中。

（8）Layer settings：层设置。

（9）Orientation：设置元件的旋转角度。

（10）Align：设置元件的对齐方式。

（11）Title block position：设置已有标题框的位置。

（12）Edit symbol/title block：对已选元件的图形符号或工作区内的标题框进行编辑。

（13）Font：对已选项目的字体进行编辑。

（14）Comment：对已有注释项目进行编辑。

（15）Forms/questions：对有关电路的问题或选项进行编辑。

（16）Properties：当选中一个元件时，将打开对应的属性对话框，在其中可对该元件的参数值、标识符等信息进行编辑；当没有任何元件被选中时，可对电路的属性进行编辑，包括电路可见性、颜色、工作区、布线、字体等。

3. View（视图）菜单

该菜单用于确定仿真界面上显示的内容，以及进行电路图的缩放和元件的查找，如图 3-4 所示。

（1）Full screen：电路图全屏显示。

（2）Parent sheet：总电路显示切换。当用户编辑子电路或分层模块时，使用该菜单命令可快速切换回总电路。

（3）Zoom in：放大电路原理图。

（4）Zoom out：缩小电路原理图。

（5）Zoom area：放大所选区域内的元件。

（6）Zoom sheet：显示整个电路原理图页面。

（7）Zoom to magnification：根据放大倍数放大电路。

（8）Zoom selection：对所选电路进行放大。

（9）Grid：显示或隐藏栅格。

（10）Border：显示或隐藏边界。

（11）Print page bounds：是否打印纸张边界。

（12）Ruler bars：显示或隐藏工作空间外上边和左边的刻度条。

（13）Status bar：显示或隐藏工作空间外下边的状态栏。

（14）Design Toolbox：显示或隐藏设计工具箱。

（15）Spreadsheet View：显示或隐藏电子表格窗口。

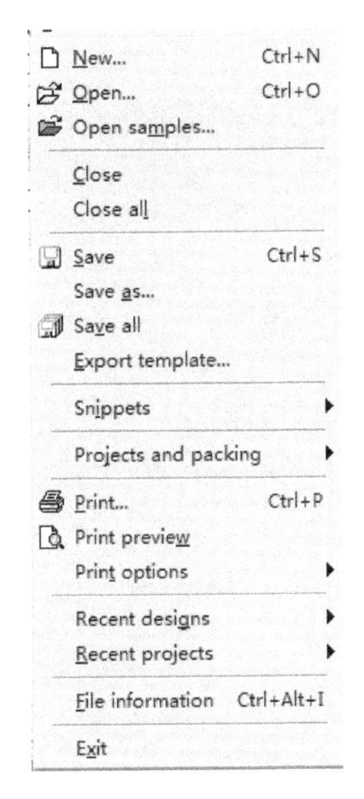

图 3-2　File 菜单

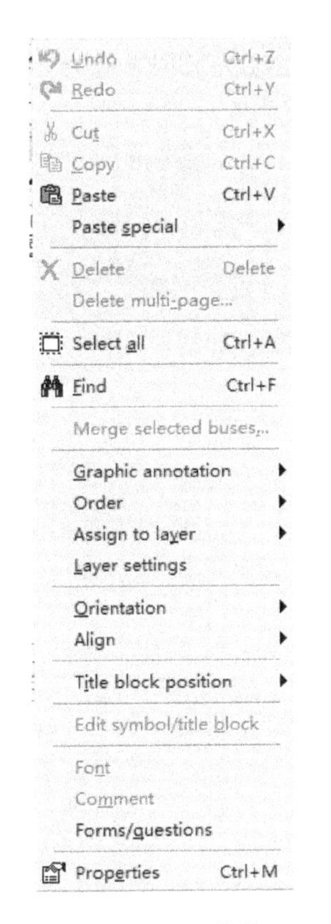

图 3-3　Edit 菜单

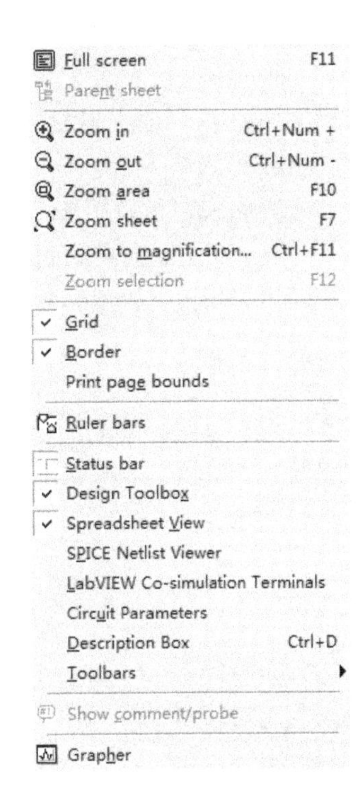

图 3-4　View 菜单

（16）SPICE Netlist Viewer：显示或隐藏 SPICE 网络表查看器。

（17）LabVIEW Co-simulation Terminals：LabVIEW 协同仿真终端。

（18）Circuit Parameters：显示或隐藏电路参数表。

（19）Description Box：显示或隐藏描述框。

（20）Toolbars：选择工具栏。

（21）Show comment/probe：显示或隐藏已选注释或静态探针的信息。

（22）Grapher：显示或隐藏仿真结果的图表。

4．Place（放置）菜单

该菜单提供在电路窗口内放置元件、连接点、总线和文字等的命令，如图 3-5 所示。

（1）Component：放置一个元件。

（2）Probe：放置一个探针。

（3）Junction：放置一个节点。

（4）Wire：放置一根导线。

（5）Bus：放置一根总线。

（6）Connectors：放置连接器。

（7）New hierarchical block：放置一个新的分层模块。

（8）Hierarchical block from file：来自已选电路文件的分层模块。

（9）Replace by hierarchical block：从已选电路文件中替换分层模块。

（10）New subcircuit：放置一个新的子电路。

（11）Replace by subcircuit：将已选电路文件用一个子电路代替。

（12）Multi-page：新建一个平行设计页。

（13）Bus vector connect：放置总线矢量连接器。

（14）Comment：放置注释。

（15）Text：放置文字。

（16）Graphics：放置图形。

（17）Circuit parameter legend：放置电路参数图例。

（18）Title block：放置标题框。

5．MCU 菜单

该菜单用于含微处理器的电路设计，提供微处理器编译和调试等功能。当工作空间内没有微处理器时，MCU 菜单如图 3-6（a）所示；当工作空间内有微处理器时，MCU 菜单如图 3-6（b）所示。

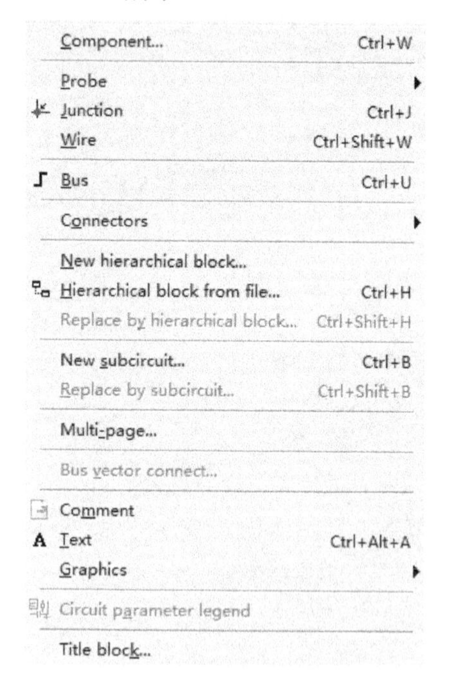

图 3-5　Place 菜单

No MCU component found
Debug view format
MCU windows...
Line numbers
Pause
Step into
Step over
Step out
Run to cursor
Toggle breakpoint
Remove all breakpoints

（a）

MCU 8051 U1
Debug view format
MCU windows...
Line numbers
Pause
Step into
Step over
Step out
Run to cursor
Toggle breakpoint
Remove all breakpoints

（b）

图 3-6　MCU 菜单

6．Simulate（仿真）菜单

该菜单提供电路仿真设置与操作命令，如图 3-7 所示。

（1）Run：运行仿真。

（2）Pause：暂停仿真。

（3）Stop：停止仿真。

（4）Analyses and simulation：选择仿真与分析方法。

（5）Instruments：选择仿真仪表。

（6）Mixed-mode simulation settings：混合模式电路仿真设置。

（7）Probe settings：放置探针属性。
（8）Reverse probe direction：选定探针，改变探针的方向。
（9）Locate reference probe：把选定的探针锁定在固定位置上。
（10）NI ELVIS II simulation settings：NI ELVIS II 仿真设置。
（11）Postprocessor：对后处理器进行设置。
（12）Simulation error log/audit trail：显示仿真错误记录或检查仿真踪迹。
（13）XSPICE command line interface：显示 XSPICE 命令行界面。
（14）Load simulation settings：加载以前保存的仿真设置。
（15）Save simulation settings：保存仿真设置。
（16）Auto matic fault option：自动设置电路故障。
（17）Clear instrument data：清除仿真仪器中的波形，但不清除仿真图形中的波形。
（18）Use tolerances：全局元件容差设置。

7．Tools（工具）菜单

该菜单主要提供编辑或管理元件及电路一些常用工具，如图 3-8 所示。

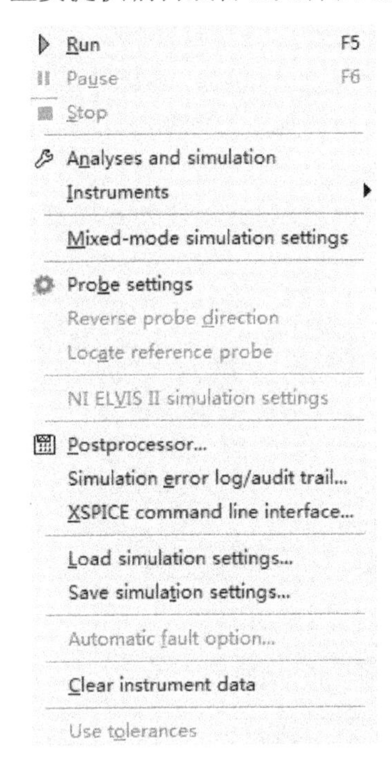

图 3-7　Simulate 菜单

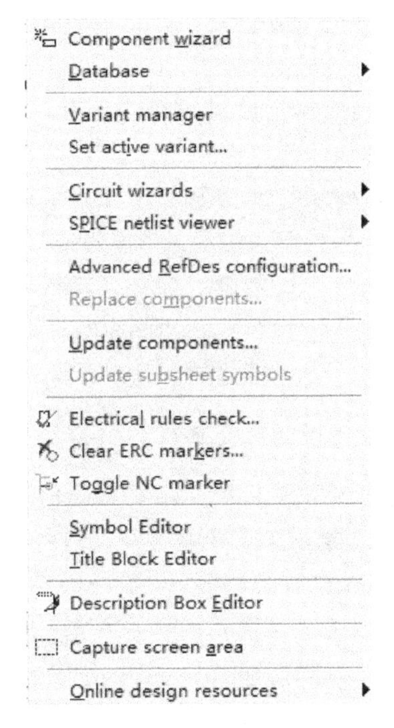

图 3-8　Tools 菜单

（1）Component wizard：创建新元件向导。
（2）Database：打开数据库。
（3）Circuit wizards：电路设计向导。
（4）SPICE netlist viewer：查看网络表。
（5）Advanced RefDes configuration：元件重命名或重新编号。
（6）Replace components：替换选中的元件。
（7）Update components：若打开的电路是由旧版 Multisim 创建的，则可以将电路中的元件升级，以与当前数据库相匹配。

（8）Update subsheet symbols：更新子电路符号。

（9）Electrical rules check：创建并显示电路连接错误报告。

（10）Clear ERC markers：清除 ERC 错误标记。

（11）Toggle NC marker：在已选的引脚上放置一个无连接标号，防止将导线错误连接到该引脚上。

（12）Symbol Editor：打开符号编辑器。

（13）Title Block Editor：打开标题框编辑器。

（14）Description Box Editor：打开描述框编辑器。

（15）Capture screen area：对屏幕上的特定区域进行图形捕捉，可将捕捉到的图形保存到剪贴板中。

（16）Online design resources：在线设计资源。

8．Transfer（文件输出）菜单

该菜单提供将仿真结果传送给其他软件处理的命令，如图 3-9 所示。

（1）Transfer to Ultiboard：将原理图传送给 Ultiboard。

（2）Forward annotate to Ultiboard：将电路文件的改变注释到 Ultiboard 中。

（3）Backward annotate from file：将 Ultiboard 电路的改变通过注释反标到 Multisim 电路文件中。使用该命令时，电路文件必须打开。

（4）Export to other PCB layout file：如果用户使用的是除 Ultiboard 外的其他 PCB 设计软件，可以将所需格式的文件传到该软件中。

（5）Export SPICE netlist：输出网络表。

（6）Highlight selection in Ultiboard：当 Ultiboard 运行时，如果在 Multisim 中选择某个元件，则 Ultiboard 中对应部分将高亮显示。

9．Reports（报告）菜单

该菜单主要用于输出电路的各种统计报告，如图 3-10 所示。

（1）Bill of Materials：生成并输出材料清单。

（2）Component detail report：输出元件库中选定元件的详细资料。

（3）Netlist report：生成并输出网络表报告，提供电路连接信息。

（4）Cross reference report：生成电路元件报告。

（5）Schematic statistics：生成原理图统计报告。

（6）Spare gates report：生成一个电路中未被使用部分的清单，并可输出。

10．Options（选项）菜单

该菜单用于定制电路的界面和电路某些功能的设定，如图 3-11 所示。

（1）Global options：设置整体电路参数。

（2）Sheet properties：设置页面属性。

（3）Lock toolbars：锁定工具栏。

（4）Customize interface：进行用户自定义设置。

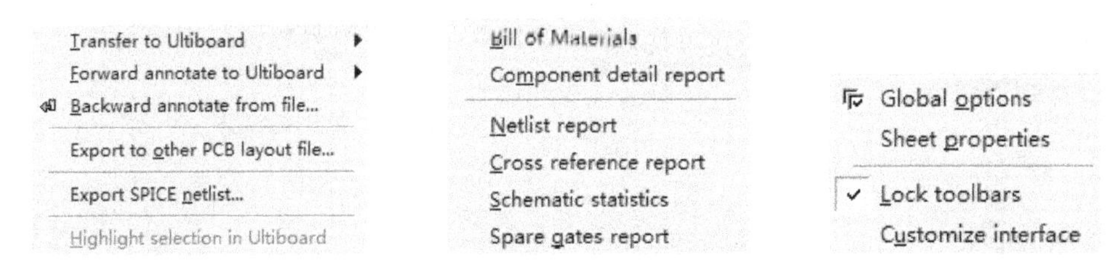

图 3-9　Transfer 菜单　　图 3-10　Reports 菜单　　图 3-11　Options 菜单

11. Window（窗口）菜单

该菜单用于设定 Multisim 中显示的窗口，如图 3-12 所示。

（1）New window：打开一个和当前窗口相同的窗口。

（2）Close：关闭当前窗口。

（3）Close all：关闭所有打开的窗口。

（4）Cascade：将所有打开的电路窗口层叠放置。

（5）Tile horizontally：调整所有打开的电路窗口使它们在屏幕上水平排列，方便用户浏览所有打开的电路文件。

（6）Tile vertically：调整所有打开的电路窗口使它们在屏幕上垂直排列，方便用户浏览所有打开的电路文件。

（7）Next window：转到下一个窗口。

（8）Previous window：转到前一个窗口。

（9）Windows：打开窗口对话框，从中可以选择激活或关闭已打开文件。

12. Help（帮助）菜单

该菜单主要为用户提供在线技术帮助和使用指导，如图 3-13 所示。

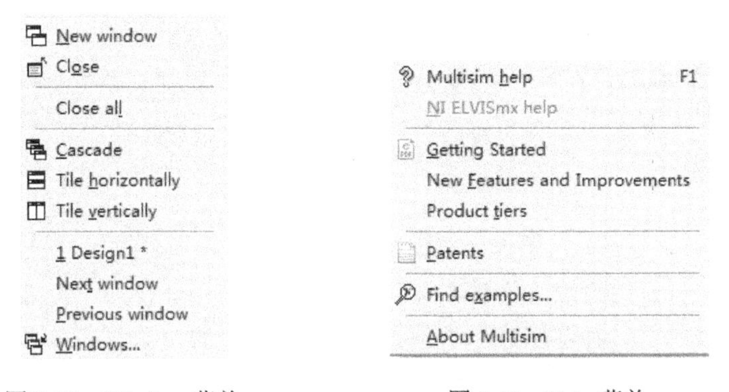

图 3-12　Window 菜单　　图 3-13　Help 菜单

（1）Multisim help：显示帮助目录。

（2）NI ELVISmx help：显示关于 NI ELVISmx 的帮助目录。

（3）Getting Started：打开 Multisim 入门指南。

（4）New Features and Improvements：显示关于 Multisim 14 新特点和改进内容的帮助目录。

（5）Patents：打开专利对话框。

（6）Find examples：查找实例。

（7）About Multisim：显示有关 Multisim 14 的信息。

3.2.2 工具栏

1．系统工具栏

该工具栏包含常用的基本功能按钮，见图 3-1，包括：新建电路文件、打开电路文件、打开设计实例、保存文件、打印电路、打印预览、剪切、复制、粘贴、撤销、恢复、显示或隐藏设计工具箱、显示或隐藏电子表格窗口、显示或隐藏 SPICE 网络表查看器、图形和仿真列表、对仿真结果进行后处理、打开母电路图、打开新建元件向导、打开数据库管理窗口、正在使用元件列表、ERC 电路规则检测、将 Ultiboard 电路的改变通过注释反标到电路文件中、将电路文件的改变注释到 Ultiboard 电路中、查找范例和打开 Multisim 帮助文件。

2．视图工具栏

视图工具栏如图 3-1 所示，包括：放大、缩小、对指定区域进行放大、在电路窗口一侧显示整个电路和全屏显示。

3．仿真工具栏

仿真工具栏用于控制仿真过程，如图 3-1 所示，包括：启动、暂停、停止和交互式仿真分析选择。

4．元件工具栏

元件工具栏存放着大量元件，此外还提供放置分层模块和模块的命令，如图 3-1 所示，包括：电源库、基本元件库、二极管库、晶体管库、模拟元件库、TTL 元件库、CMOS 元件库、杂类数字元件库、混合元件库、显示元件库、功率元件库、杂类元件库、高级外设元件库、RF 射频元件库、机电类元件库、NI 元件库、连接器元件库、微处理器模块库、分层模块和总线模块。其中，分层模块就是将已有的电路作为一个子模块加到当前电路中。各元件库下又有不同的分类。

5．仪表工具栏

仪表工具栏提供各种对电路工作状态进行测试的虚拟仪器、仪表及探针，如图 3-1 所示，包括：数字万用表、函数信号发生器、功率表、双通道示波器、四通道示波器、波特图仪、频率计、字信号发生器、逻辑转换仪、逻辑分析仪、伏安特性分析仪、失真分析仪、频谱分析仪、网络分析仪、安捷伦函数信号发生器、安捷伦万用表、安捷伦示波器、泰克示波器、LabVIEW 虚拟仪器和电流探针。各仪器仪表的功能说明，这里省略。

3.2.3 电路窗口和状态栏

1．电路窗口

电路窗口又称为工作空间，相当于一个现实工作中的操作平台，可进行电路原理图的绘制、编辑、仿真分析及波形数据显示等操作，还可在电路工作区内添加说明文字及标题框等。

2. 状态栏

状态栏用于显示有关当前操作及鼠标指针所指条目的相关信息。

3.3 元件库

Multisim 14 提供的元件分别存于三个数据库中。

（1）Master 库：用来存放 Multisim 14 自带的元件模型，为用户提供大量的且较为精确的元件模型。

（2）Corporate 库：用于多人共同开发项目时建立公用的元件库，该库仅在专业版中有。

（3）User 库：用来存放用户使用 Multisim 14 提供的编辑器自行开发的元件模型，或者修改 Master 库中已有的某个元件模型的某些信息，将变动了元件信息的模型存放于此，供用户使用。

下面主要介绍 Multisim 14 的 Master 库，其中包含 18 个元件库，各库下面还包含子库（元件箱）。

3.3.1 Sources 库

Sources 库为电源库，使用方法如下。单击元件工具栏中的 Sources（电源）按钮会弹出一个对话框，如图 3-14 所示。在这里可以了解电源库中所有元件的信息，可以选择不同的元件子库（元件箱），可以选择不同的元件。

在 Family 列表框中有 8 个选项。选择<All families>选项，电源库中的所有元件都将列于对话框中间的 Component 列表框中。

Sources 库包括 7 个元件箱。

（1）POWER_SOURCES：包括常用的交/直流电源、数字地、公共地、星形或三角形连接的三相电源等。

（2）SIGNAL_VOLTAGE_SOURCES：包括各类信号电压源，如交流电压源、AM 电压源、双极型电压源、时钟电压源、指数电压源、FM 电压源、基于 LVM 文件的电压源、分段线性电压源、脉冲电压源、基于 TDM 文件的电压源和热噪声源。

（3）SIGNAL_CURRENT_SOURCES 电流信号源：包括各类信号电流源，如 AM 电流源、双极型电流源、时钟电流源、直流电流源、指数电流源、FM 电流源、基于 LVM 文件的电流源、分段线性电流源、脉冲电流源和基于 TDM 文件的电流源。

（4）CONTROLLED_VOLTAGE_SOURCES：包括各类受控电压源，如 ABM 电压源、电流控制电压源、FSK 电压源、电压控制分段线性电压源、电压控制正弦波信号源、电压控制方波信号源、电压控制三角波信号源和电压控制电压源。

（5）CONTROLLED_CURRENT_SOURCES：包括各类受控电流源，如 ABM 电流源、电流控制电流源和电压控制电流源。

（6）CONTROL_FUNCTION_BLOCKS：包括各类控制函数块，如限流模块、除法器、增益模块、乘法器、电压加法器、多项式复合电压源等。

（7）DIGITAL_SOURCES：包括数字信号源。

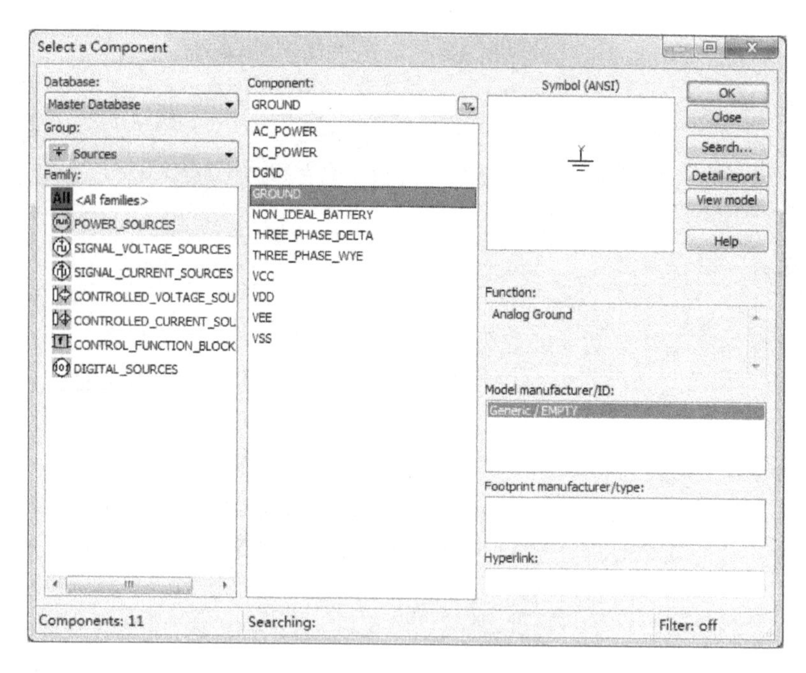

图 3-14　选择电源

3.3.2　Basic 库

Basic 库为基本元件库，包括电阻、电容、电感、开关和变压器等 21 个元件箱，每个现实元件箱和虚拟元件箱中又有若干个与现实元件相对应的仿真元件。

（1）BASIC_VIRTUAL：包括基本虚拟元件，如电阻、电容、电感、变压器等。

（2）RATED_VIRTUAL：包括额定虚拟元件，如 555 定时器、晶体管、二极管等。

（3）RPACK：包括多种封装的电阻排。

（4）SWITCH：包括各类开关，如电流控制开关、单刀双掷开关、单刀单掷开关、按键开关、时间延迟开关等。

（5）TRANSFORMER：包括各类线性变压器。使用时要求变压器的一次侧、二次侧分别接地。

（6）NON_IDEAL_RLC：包括非理想电阻、电感、电容。

（7）RELAY：包括各类继电器。继电器的触点开关是由加在线圈两端的电压大小决定的。

（8）SOCKETS：与连接器类似，为一些标准形状的插件提供位置以便进行 PCB 设计。

（9）SCHEMATIC_SYMBOLS：包括熔丝、LED、光电晶体管、按键开关、可变电阻、可变电容等。

（10）RESISTOR：包括具有不同标称值的电阻。使用时可以选择电阻类型、电阻的容差及封装形式。

（11）CAPACITOR：包括具有不同标称值的电容。使用时可以选择电容类型、电容的容差及封装形式。

（12）INDUCTOR：包括具有不同标称值的电感。使用时可以选择电感类型、电感的容差及封装形式。

（13）CAP_ELECTROLIT：极性电容。

（14）VARIABLE_RESISTOR：可变电阻。

（15）VARIABLE_CAPACITOR：包括具有不同标称值的可变电容。使用时可以选择电容类型及封装形式。

（16）VARIABLE_INDUCTOR：包括具有不同标称值的可变电感。使用时可以选择电感类型及封装形式。

（17）POTENTIOMETER：包括具有不同标称值的电位器。使用时，可以选择电位器类型及封装形式。

（18）MANUFACTURER_RESISTOR：包括生产厂家提供的不同大小的电阻。

（19）MANUFACTURER_CAPACITOR：包括生产厂家提供的不同大小的电容。

（20）MANUFACTURER_INDUCTOR：包括生产厂家提供的不同大小的电感。

（21）THERMISTOR：包括具有不同标称值的热敏电阻。

3.3.3 Diodes 库

Diodes 库为二极管库，包括 15 个元件箱。

（1）DIODES_VIRTUAL：包括虚拟普通二极管和虚拟齐纳二极管。

（2）DIODE：包括许多公司提供的各种型号的普通二极管。

（3）ZENER：包括许多公司提供的各种型号的齐纳二极管。

（4）SWITCHING_DIODE：包括各种型号的开关二极管。

（5）LED：包括各种型号的发光二极管。

（6）PHOTODIODE：包括各种型号的光电二极管。

（7）PROTECTION_DIODE：包括各种型号的带保护二极管。

（8）FWB：包括各种型号的全波桥式整流器。

（9）SCHOTTKY_DIODE：包括各种型号的肖特基二极管。

（10）SCR：包括各种型号的可控硅整流器。

（11）DIAC：包括各种型号的双向开关二极管。

（12）TRIAC：包括各种型号的可控硅开关。

（13）VARACTOR：包括各种型号的变容二极管。

（14）TSPD：包括各种型号的晶闸管浪涌保护元件。

（15）PIN_DIODE：包括各种型号的 PIN 二极管。

3.3.4 Transistors 库

Transistors 库为晶体管库，包括 21 个元件箱。其中，现实元件箱 20 个，虚拟元件箱 1 个。现实元件箱存放着许多著名的晶体管制造厂家的晶体管元件模型，这些模型以 SPICE 格式编写，精度较高；虚拟元件箱为理想的三极管模型。

（1）TRANSISTORS_VIRTUAL：包括各种型号的虚拟晶体管。

（2）BJT_NPN：包括各种型号的双极型 NPN 晶体管。

（3）BJT_PNP：包括各种型号的双极型 PNP 晶体管。

（4）BJT_COMP：包括各种型号的双重双极型晶体管。

（5）DARLINGTON_NPN：包括各种型号的达林顿型 NPN 晶体管。

（6）DARLINGTON_PNP：包括各种型号的达林顿型 PNP 晶体管。

（7）BJT_NRES：包括各种型号的内部集成偏置电阻的双极型 NPN 晶体管。

（8）BJT_PRES：包括各种型号的内部集成偏置电阻的双极型 PNP 晶体管。

（9）BJT_CRES：包括各种型号的双数字晶体管。

（10）IGBT：包括各种型号的 IGBT 元件。

（11）MOS_DEPLETION：包括各种型号的耗尽型场效应管。

（12）MOS_ENH_N：包括各种型号的 N 沟道增强型场效应管。

（13）MOS_ENH_P：包括各种型号的 P 沟道增强型场效应管。

（14）MOS_ENH_COMP：包括各种型号的增强型互补型场效应管。

（15）JFET_N：包括各种型号的 N 沟道结型场效应管。

（16）JFET_P：包括各种型号的 P 沟道结型场效应管。

（17）POWER_MOS_N：包括各种型号的 N 沟道功率绝缘栅型场效应管。

（18）POWER_MOS_P：包括各种型号的 P 沟道功率绝缘栅型场效应管。

（19）POWER_MOS_COMP：包括各种型号的复合型功率绝缘栅型场效应管。

（20）UJT：包括各种型号可编程单结型晶体管。

（21）THERMAL_MODELS：带有热模型的 N 沟道增强型场效应管。

3.3.5 Analog 库

Analog 库为模拟元件库，包括 10 个元件箱，其中 1 个为虚拟元件箱。

（1）ANALOG_VIRTUAL：包括各类模拟虚拟元件，如虚拟比较器、基本虚拟运算放大器等。

（2）OPAMP：包括各种型号的运算放大器。

（3）OPAMP_NORTON：包括各种型号的诺顿运算放大器。

（4）COMPARATOR：包括各种型号的比较器。

（5）DIFFERENTIAL_AMPLIFIERS：包括各种型号的差分放大器。

（6）WIDEBAND_AMPS：包括各种型号的宽频带运算放大器。

（7）AUDIO_AMPLIFIER：包括各种型号的音频放大器。

（8）CURRENT_SENSE_AMPLIFIERS：包括各种型号的电流检测放大器。

（9）INSTRUMENTATION_AMPLIFIERS：包括各种型号的仪器仪表放大器。

（10）SPECIAL_FUNCTION：包括各种型号的特殊功能运算放大器，如测试运算放大器、视频运算放大器、乘法器和除法器等。

3.3.6 TTL 库

TTL 库提供 74 系列的各种 TTL，包括 9 个元件箱。

（1）74STD：包括各种标准型 74 系列集成电路。

（2）74STD_IC：包括各种标准型 74 系列集成电路芯片。

（3）74S：包括各种肖特基型 74 系列集成电路。

（4）74S_IC：包括各种肖特基型 74 系列集成电路芯片。

（5）74LS：包括各种低功耗肖特基型 74 系列集成电路。

（6）74LS_IC：包括各种低功耗肖特基型 74 系列集成电路芯片。

（7）74F：包括各种高速 74 系列集成电路。

（8）74ALS：包括各种先进的低功耗肖特基型 74 系列集成电路。

（9）74AS：包括各种先进的肖特基型 74 系列集成电路。

3.3.7 CMOS 库

CMOS 库提供 74 系列和 4XXX 系列等各种 CMOS 集成电路，包括 14 个元件箱。

（1）CMOS_5V：5V 4XXX 系列 CMOS 集成电路。

（2）CMOS_5V_IC：5V 4XXX 系列 CMOS 集成电路芯片。

（3）CMOS_10V：10V 4XXX 系列 CMOS 集成电路。

（4）CMOS_10V_IC：10V 4XXX 系列 CMOS 集成电路芯片。

（5）CMOS_15V：15V 4XXX 系列 CMOS 集成电路。

（6）74HC_2V：2V 74HC 系列 CMOS 集成电路。

（7）74HC_4V：4V 74HC 系列 CMOS 集成电路。

（8）74HC_4V_IC：4V 74HC 系列 CMOS 集成电路芯片。

（9）74HC_6V：6V 74HC 系列 CMOS 集成电路。

（10）TinyLogic_2V：2V 快捷微型逻辑电路，如 NC7S 系列、NC7SU 系列、NC7SZ 系列和 NC7SZU 系列。

（11）TinyLogic_3V：3V 快捷微型逻辑电路，如 NC7S 系列、NC7SU 系列、NC7SZ 系列和 NC7SZU 系列。

（12）TinyLogic_4V：4V 快捷微型逻辑电路，如 NC7S 系列、NC7SU 系列、NC7SZ 系列和 NC7SZU 系列。

（13）TinyLogic_5V：5V 快捷微型逻辑电路，如 NC7S 系列、NC7SU 系列、NC7SZ 系列和 NC7SZU 系列。

（14）TinyLogic_6V：6V 快捷微型逻辑电路，如 NC7S 系列、NC7SU 系列。

3.3.8 Misc Digital 库

Misc Digital 库为杂类数字元件库，包括 13 个元件箱。

（1）TIL：各类数字逻辑元件。

（2）DSP：各类 DSP。

（3）FPGA：各类 FPGA。

（4）PLD：各类 PLD 。

（5）CPLD：各类 CPLD。

（6）MICROCONTROLLERS：微控制器。

（7）MICROCONTROLLERS_IC：微控制器集成芯片。

（8）MICROPROCESSORS：微处理器。

（9）MEMORY：各类 EPROM。

（10）LINE_DRIVER：线路驱动器。

（11）LINE_RECEIVER：线路接收器。

（12）LINE_TRANSCEIVER：线路收发器。

（13）SWITCH_DEBOUNCE：防抖动开关。

3.3.9 Mixed 库

Mixed 库为混合元件库，包括 7 个元件箱。

（1）MIXED_VIRTUAL：虚拟的混合芯片。

（2）ANALOG_SWITCH：模拟开关。

（3）ANALOG_SWITCH_IC：模拟开关箱集成芯片。

（4）TIMER：555 定时器。

（5）ADC_DAC：A/D 及 D/A 转换器。

（6）MULTIVIBRATORS：多谐振荡器。

（7）SENSOR_INTERFACE：传感器接口。

3.3.10 Indicators 库

Indicators 库为显示元件库，提供可用来显示电路仿真结果的显示元件，包括 8 个元件箱。

（1）VOLTMETER：电压表。

（2）AMMETER：电流表。

（3）PROBE：探测器。

（4）BUZZER：蜂鸣器。

（5）LAMP：灯泡。

（6）VIRTUAL_LAMP：虚拟灯泡。

（7）HEX_DISPLAY：十六进制显示器。

（8）BARGRAPH：条形光柱。

3.3.11 Power 库

Power 库为功率元件库，包括 19 个元件箱。

（1）POWER_CONTROLLERS：电源控制器。

（2）SWITCHES：开关。

（3）SMPS_AVERAGE：开关电源。

（4）POWER_MODULE：电源模块。

（5）SWITCHING_CONTROLLER：转换控制器。

（6）HOT_SWAP_CONTROLLER：热插拔控制器。

（7）BASSO_SMPS_CORE：BASSO 开关电源核心元件。

（8）BASSO_SMPS_AUXILIARY：BASSO 开关电源辅助元件。

（9）VOLTAGE_MONITOR：电压监视器。

（10）VOLTAGE_REFERENCE：基准电压元件。

（11）VOLTAGE_REGULATOR：电压调整器。

（12）VOLTAGE_SUPPRESSOR：电压抑制器。

（13）LED_DRIVER：LED 驱动器。

（14）MOTOR_DRIVER：电击驱动器。

（15）RELAY_DRIVER：继电器驱动器。

（16）PROTECTION_ISOLATION：保护隔离装置。

（17）FUSE：保险丝。
（18）THERMAL_NETWORKS：热网络。
（19）MISCPOWER：其他混合功率元件。

3.3.12 Misc 库

Misc 库为杂类元件库，包括 15 个元件箱。
（1）MISC_VIRTUAL：虚拟杂件箱。
（2）TRANSDUCERS：传感器。
（3）OPTOCOUPLER：光耦合器。
（4）CRYSTAL：晶振。
（5）VACUUM_TUBE：真空管。
（6）BUCK_CONVERTER：开关电源降压转换器。
（7）BOOST_CONVERTER：开关电源升压转换器。
（8）BUCK_BOOST_CONVERTER：开关电源升降压转换器。
（9）LOSSY_TRANSMISSION_LINE：有损耗传输线。
（10）LOSSYLESS_LINE_TYPE1：无损耗传输线类型 1。
（11）LOSSYLESS_LINE_TYPE2：无损耗传输线类型 2。
（12）FILTERS：滤波器。
（13）MOSFET_DRIVER：驱动器。
（14）MISE：混合元件。
（15）NET：网络。

3.3.13 Advanced_Peripherals 库

Advanced_Peripherals 库为高级外设元件库，包括 4 个元件箱。
（1）KEYPADS：包括双音多频按钮、4×4 数字按钮、4×5 数字按钮。
（2）LCDS：LCD 屏幕。
（3）TERMINALS：串行端口。
（4）MISC_PERIPHERALS：包括传送带、液压贮槽、变量值指示器、交通灯。

3.3.14 RF 库

RF 库为射频元件库，包括 8 个元件箱。
（1）RF_CAPACITOR：射频电容器。
（2）RF_INDUCTOR：射频电感器。
（3）RF_BJT_NPN：射频 NPN 晶体管。
（4）RF_BJT_PNP：射频 PNP 晶体管。
（5）RF_MOS_3TDN：射频 MOS 管。
（6）TUNNEL_DIODE：隧道二极管。
（7）STRIP_LINE：传输线。
（8）FERRITE_BEADS：铁氧体磁珠。

3.3.15 Electro_Mechanical 库

Electro_Mechanical 库为机电类元件库，包括 8 个元件箱。

（1）MACHINES：发动机。

（2）MOTION_CONTROLLERS：步进控制器。

（3）SENSORS：传感器。

（4）MECHANICAL_LOADS：机械负载。

（5）TIMED_CONTACTS：计时接触器。

（6）COILS_RELAYS：线圈与继电器。

（7）SUPPLEMENTARY_SWITCHES：补充开关。

（8）PROTECTION_DEVICES：保护设备。

3.3.16 NI_Components 库

NI_Components 库为 NI 元件库，包括 11 个元件箱。

（1）E_SERIES_DAQ：NI 公司的 E 系列数据采集芯片。

（2）M_SERIES_DAQ：NI 公司的 M 系列数据采集芯片。

（3）R_SERIES_DAQ：NI 公司的 R 系列数据采集芯片。

（4）S_SERIES_DAQ：NI 公司的 S 系列数据采集芯片。

（5）X_SERIES_DAQ：NI 公司的 X 系列数据采集芯片。

（6）myDAQ：NI 公司的微分模拟输入/输出的双向数字 I/O 端口芯片。

（7）myRIO：使用 TE-534206-7 时的配套连接芯片，采用 NI 工业标准的可重配置 I/O（RIO）技术。

（8）cRIO：包括 NI 公司的 LED、交互界面接口。

（9）sbRIO：包括 RIO 嵌入式控制和采集设备接口。

（10）GPIB：通用接口总线。

（11）SCXI：包括高性能信号调理平台和开关平台。

3.3.17 Connectors 库

Connectors 库为连接器元件库，包括 11 个元件箱。

（1）AUDIO_VIDEO：音频/视频芯片。

（2）DSUB：模拟信号接口。

（3）ETHERNET_TELECOM：以太网通信端口。

（4）HEADERS_TEST：头文件测试端口。

（5）MER_CUSTOM：自定义多频接收机。

（6）POWER：电池座和连接器。

（7）RECTANGULAR：矩形插座。

（8）RF_COAXIAL：同轴射频连接器。

（9）SIGNAL_IO：信号输入/输出插座。

（10）TERMINAL_BLOCKS：末端模块。

（11）USB：USB 接口。

3.3.18 MCU 库

MCU 库为微控制器模块库，包括 4 个元件箱。

（1）805x：包括 8051 和 8052 单片机。

（2）PIC：包括 PIC 单片机芯片 PIC16F84 和 PIC16F84A。

（3）RAM：RAM 存储芯片。

（4）ROM：ROM 存储芯片。

3.4 虚拟仪器

Multisim 14最具特色的功能之一就是将用于电路测试任务的各种各样的仪器非常逼真地与电路原理图一起放置在同一个操作上，用于进行各项测试实验。Multisim 14 提供了 18 种虚拟仪器，加上可供选用的成千上万只仿真元件及各种电源信号，使得该仿真软件的仿真实验规模完全能与一般电子实验室相比拟。这些虚拟仪器的面板不仅与现实仪器很相像，而且其基本操作也与现实仪器非常相似，其中美国 Agilent 公司的虚拟仪器与实际仪器完全相同。不仅如此，Multisim 14 还充分发挥了计算机快速处理数据的优势，对测量出的数据能直接进行加工处理，产生相应的结果。

下面介绍几种常用虚拟仪器及其使用方法。

3.4.1 数字万用表

数字万用表（Multimeter）与实际的数字万用表一样，可以完成交直流电压、电流及电阻的测量。其图标和面板如图 3-15 所示，它的内阻和表头电流被默认预置为接近理想值。

使用万用表时，其图标上的“+”“-”端子接测试的端点。根据测量要求，可以通过单击面板上的 A、V、Ω 和 dB 按钮来分别实现对电流、电压、电阻和分贝的测量，测量结果会在面板中显示出来。

单击面板上的 Set 按钮可对数字万用表内部的参数进行设置，出现如图 3-16 所示的对话框。其中，Ammeter resistance(R)用于设置电流表的内阻，其大小将影响电流的测量精度。Voltmeter resistance(R)用于设置电压表的内阻，其大小将影响电压的测量精度。用欧姆表测量时，Ohmmeter current(I)用于设置流过欧姆表的电流。dB relative value(V)用于分贝相关值所对应电压值的电子特性设置。一般，采用默认设置即可。

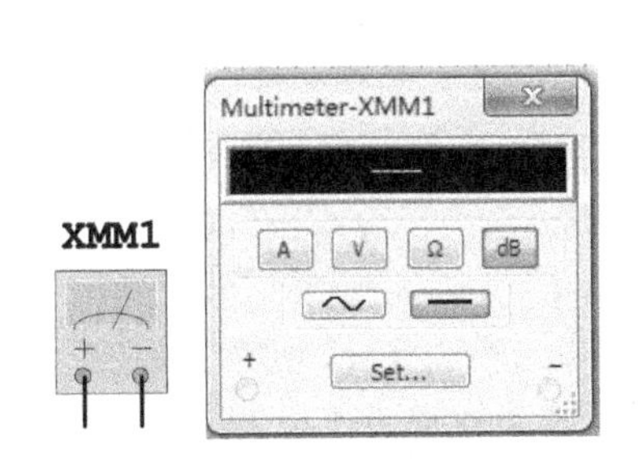

图 3-15 数字万用表的图标和面板

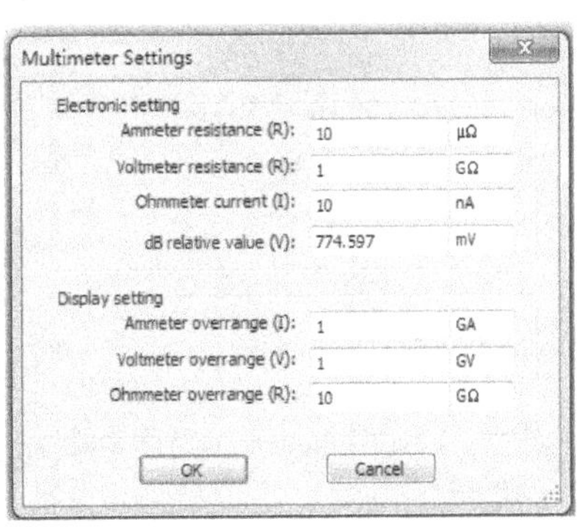

图 3-16 设置数字万用表内部的参数

3.4.2 函数信号发生器

函数信号发生器（Function Generator）是用来产生正弦波、方波和三角波信号的仪器，其图标和面板如图 3-17 所示。可设置的参数有：Frequency，频率；Duty cycle，占空比，用于改变三角波和方波正、负半周的比率，对正弦波不起作用；Amplitude，幅值，用于改变波形的峰值；Offset，偏移，用于给输出波形加上一个直流偏置电平。

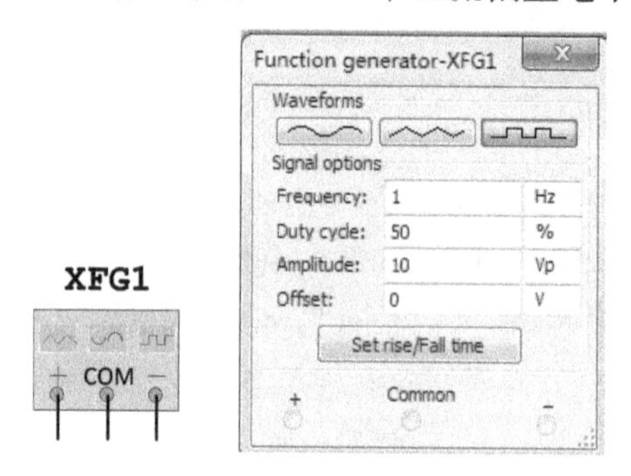

图 3-17　函数信号发生器的图标和面板

使用时，函数信号发生器图标上的三个输出端子“+”、COM 和“-”，应与外电路相连，用于输出电压信号。

其连接规则是：连接“+”和 COM 端子，输出信号为正极性信号；连接 COM 和“-”端子，输出信号为负极性信号，幅值均等于函数信号发生器的有效值；连接“+”和“-”端子，输出信号的幅值等于函数信号发生器的有效值的两倍；同时连接“+”、COM 和“-”端子，且把 COM 端子与公共地（Ground）相连，则输出两个幅值相等、极性相反的信号。

3.4.3 功率表

功率表（Wattmeter）又称瓦特计，是一种测量电路功率及功率因数的仪器，其图标和面板如图 3-18 所示。交、直流电路均可测量。使用时，图标左边两个端子为电压输入端子，与所要测量的电路并联；右边两个端子为电流输入端子，与所要测量的电路串联。

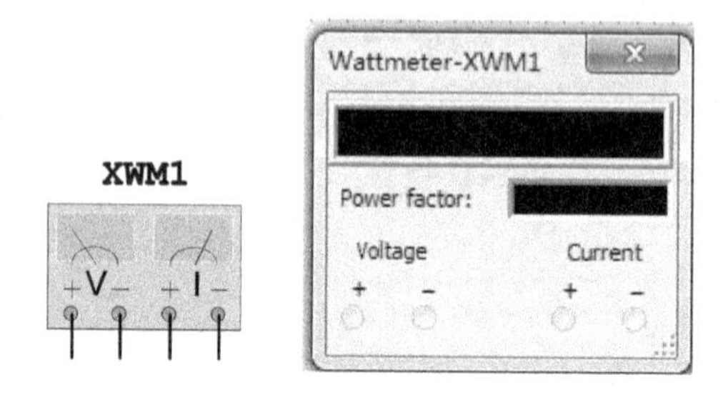

图 3-18　功率表的图标和面板

3.4.4 双通道示波器

双通道示波器（Oscilloscope）用于观察电信号大小和频率的变化，可同时观察两路波形，其图标和面板如图 3-19 所示。它的图标上有 A、B 两个输入信号通道和外触发信号通道。为了便于清楚地观察波形，可将连接到通道 A、B 的导线分别设置为不同的颜色。无论是在仿真过程中还是在仿真结束后，都可以改变示波器的设置，屏幕显示将被自动刷新。如果示波器的设置或分析选项改变后，需要提供更多的数据（如降低示波器的扫描速率等），则波形可能会出现突变或不均匀的现象，这时需将电路重新激活一次，以便获得更多的数据。也可通过增大仿真时间步长（Simulation Time Step）的方法来提高波形的精度。

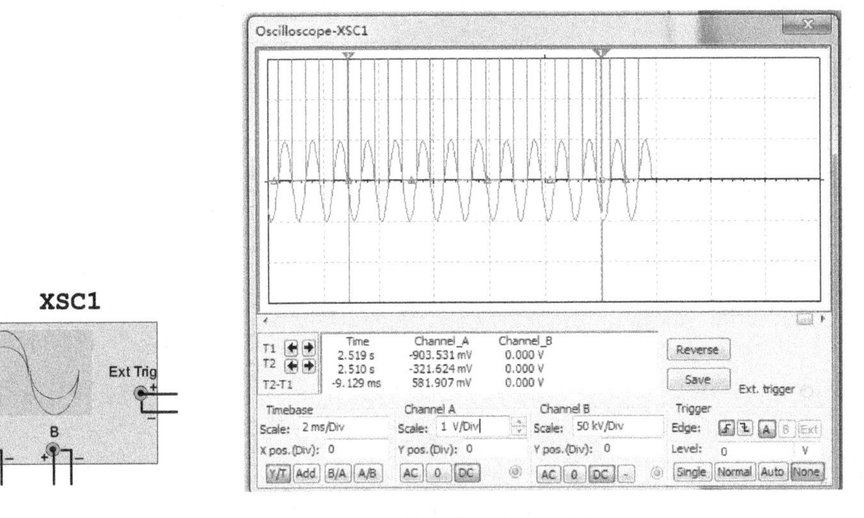

图 3-19　双通道示波器的图标和面板

在屏幕上有两个可以左右移动的读数指针，指针上方有三角形标记。按住鼠标左键，拖动读数指针实现左右移动。在屏幕下方有三个测量数据的显示区，左侧数据区表示读数指针所指信号波形的数据。

T1 表示 1 号读数指针离开屏幕时，波形最左端（时间基线零点）所对应的时间，其时间单位取决于 Timebase 所设置的时间单位。

T2 表示 2 号读数指针离开屏幕时，波形最左端所对应的时间。T2–T1 表示 2 号读数指针所在位置与 1 号读数指针所在位置的时间差，可用来测量信号的周期、脉冲信号的宽度、上升时间及下降时间等参数。

设置信号波形显示颜色：分别设置通道 A、B 各自连接导线的颜色，则显示波形的颜色便与导线的颜色相同。方法是，快速双击连接导线，在弹出的对话框中设置导线颜色。

Reverse 按钮：反转屏幕背景颜色。若要恢复屏幕背景颜色，则再次单击 Reverse 按钮。

Save 按钮：存储读数。对于 1 号、2 号读数指针测量的数据，单击 Save 按钮即可实现存储。数据存储格式为 ASCII 码格式。

示波器面板主要设置内容如下。

（1）Timebase（时基）区

该区用来设置 *X* 轴方向时间基线的扫描时间。

Scale（刻度）：设置 *X* 轴上每个网格所对应的时间长度。改变其参数可将波形在水平方向上展宽或压缩。

X pos（X 轴位置控制）：用于设置波形在 *X* 轴上的起始位置，默认值为 0，即信号将从屏幕的左端开始显示。

显示方式有 4 种。Y/T 方式：*X* 轴显示时间，*Y* 轴显示通道 A、B 的输入信号，并按设置时间进行扫描。Add 方式：*X* 轴显示时间，*Y* 轴显示通道 A、B 的输入信号之和。B/A 方式：

X 轴显示通道 A 的输入信号，*Y* 轴显示通道 B 的输入信号。A/B 方式：与 B/A 方式正好相反。

（2）Channel A 区和 Channel B 区

Channel A 区用来设置 *Y* 轴方向通道 A 输入信号的刻度。

Scale（刻度）：设置 *Y* 轴上每个网格所对应的幅值大小。改变其参数可将波形在垂直方向上展宽或压缩。

Y pos（Y 轴位置控制）：用于设置波形在 *Y* 轴原点相对于示波器屏幕基线的位置。默认值为 0，即波形 *Y* 轴原点在屏幕基线上。

信号输入有三种耦合方式：当用 AC 耦合时，示波器显示输入信号中的交变分量而把直流分量滤掉；当用 DC 耦合时，示波器显示输入信号中的交直流分量；当用 0 耦合时，示波器在 *Y* 轴的原点位置将显示一条水平直线。

Channel B 区用来设置 *Y* 轴方向通道 B 输入信号的刻度。其设置与 Channel A 区相同。

（3）Trigger（触发）区

Edge（触发沿）：表示将输入信号的上升沿或下降沿作为触发信号。

触发源：A 或 B 表示用通道 A 或通道 B 的输入信号作为同步 *X* 轴时基扫描的触发信号；Ext 表示用外触发信号通道作为同步 *X* 轴时基扫描的触发信号。

Level（触发电平）：用于设置触发电平的大小。

触发类型有 4 种。Single（单脉冲）：当触发信号大于触发电平时，示波器采样一次后停止采样。Normal（一般）：当触发信号被满足后，示波器刷新，开始采样。Auto（自动）：表示自动提供脉冲触发示波器，而无须触发信号。None：取消触发设置。

3.4.5 四通道示波器

四通道示波器（Four-channel Oscilloscope）可同时观察 4 个通道的信号，其图标和面板如图 3-20 所示。它的图标上，A、B、C、D 为输入信号通道，T 为外触发信号通道，G 为公共地端。其主要参数设置参见双通道示波器。不同之处是，需要通过通道控制旋钮来切换不同的通道。

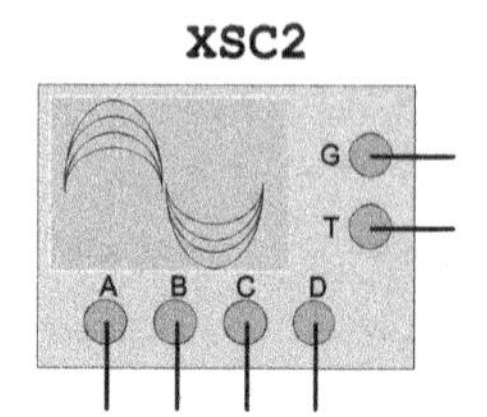

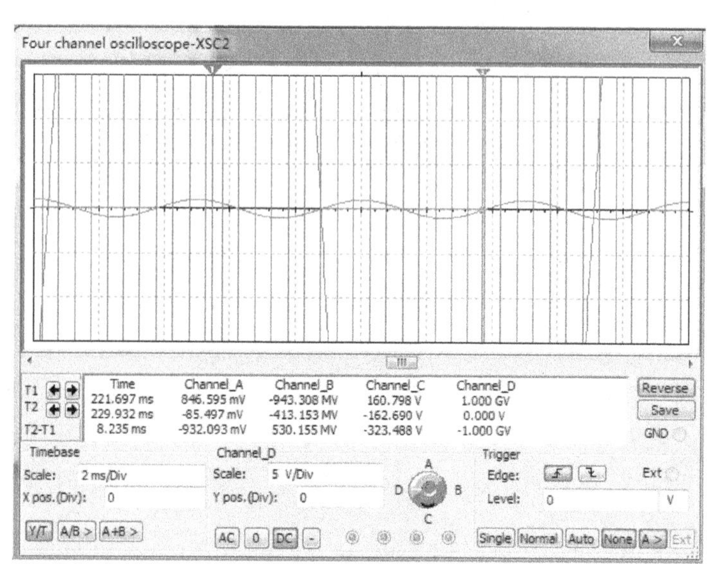

图 3-20　四通道示波器的图标和面板

3.4.6 波特图仪

波特图仪（Bode Plotter）是用来测量电路的幅频特性和相频特性的一种仪器，其图标和面板如图 3-21 所示。在使用波特图仪时，电路的输入端必须接入交流信号源。波特图仪图标上，IN 是输入端口，其“+”“-”端子分别与电路输入端的正、负端相连；OUT 是输出端口，其“+”“-”端子分别与电路输出端的正、负端相连。

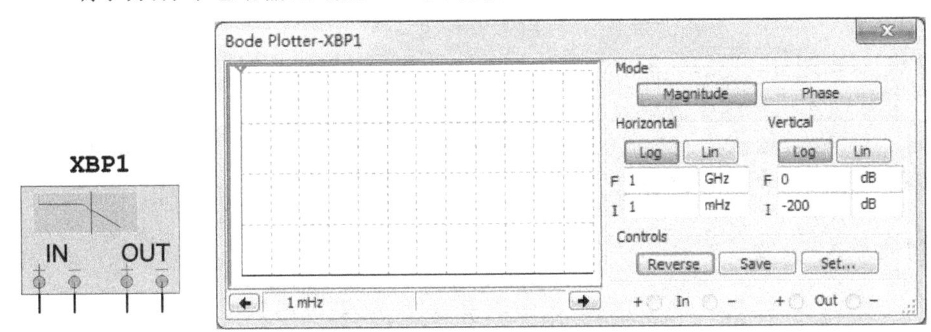

图 3-21 波特图仪的图标和面板

波特图仪面板主要设置内容如下。

（1）数据显示区。主要用来显示电路的幅频特性或相频特性曲线。

（2）Mode（模式）区。Magnitude：显示电路的幅频特性曲线。Phase：显示电路的相频特性曲线。

（3）坐标设置区。Horizontal：水平坐标设置。Vertical：垂直坐标设置。测量幅频特性时，单击 Log（对数）按钮，*Y* 轴刻度的单位是 dB（分贝）。单击 Lin（线性）按钮，*Y* 轴是线性刻度。测量相频特性时，*Y* 轴坐标表示相位，单位是度，刻度是线性的。

（4）Controls（控制）区。Reverse：使波特图仪屏幕背景颜色反色。Save：将当前的数据以文本的形式保存。Set：设置扫描的分辨率（分辨率的数值越大，其读数精度越高，但这将增加运行时间）。

3.4.7 频率计

频率计（Frequency Counter）是用来测量频率的，如图 3-22 所示。它的图标上包含一个接线端，通过这个接线端将频率计接入电路中。

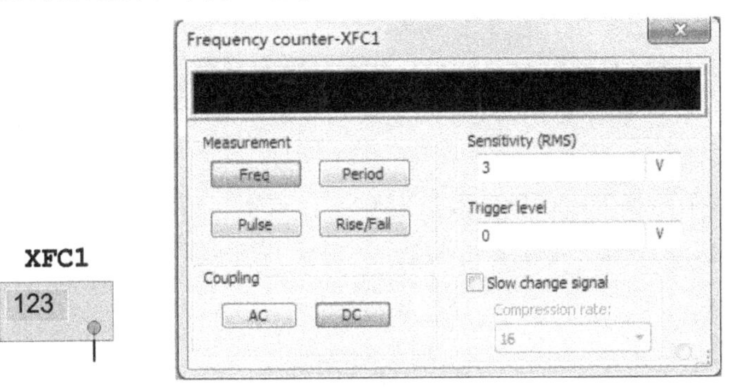

图 3-22 频率计的图标和面板

频率计面板主要设置内容如下。

（1）Measurement（测量）区：选择要测量的内容。

Freq：测量信号的频率。

Period：测量信号的周期。

Pulse：测量脉冲的高电平或低电平的持续时间。

Rise/Fall：测量一个单周期的上升时间和下降时间。

（2）Coupling（耦合）区：设置信号输入的耦合方式。

AC：仅显示输入信号的交流成分。

DC：显示输入信号的交流成分和直流成分的总和。

（3）Sensitivity(RMS)框：设置灵敏度。当设置值大于电路中的电压时，频率计将不工作。

（4）Trigger level 框：设置触发电压的大小。

3.4.8 字信号发生器

字信号发生器（Word Generator）用于对数字电路进行测试，其图标和面板如图 3-23 所示。

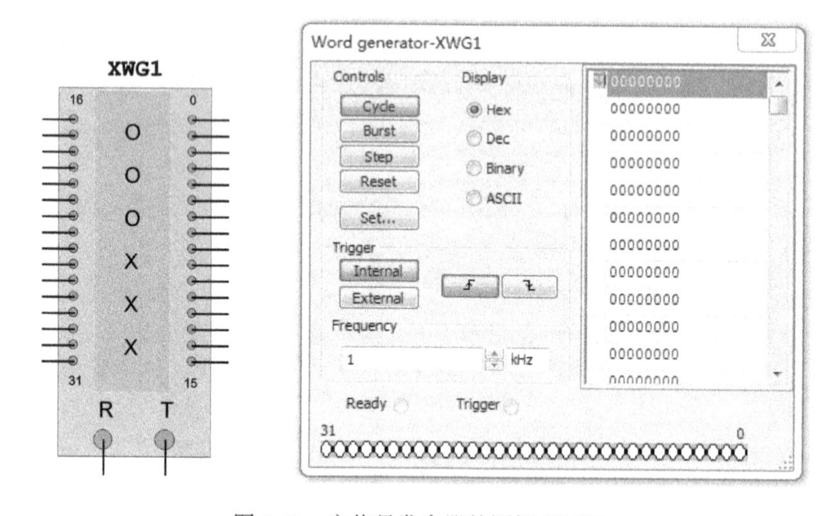

图 3-23　字信号发生器的图标和面板

在字信号发生器图标上，右边为 0～15 共 16 个端子，左边为 16～31 也是 16 个端子，这 32 个端子是该字信号发生器所产生的信号输出端；下边的 R 为备用信号端，T 为外触发信号端。

字信号发生器面板主要设置内容如下。

（1）字信号列表框

在字信号列表框中，可对 8 位十六进制数进行编辑。这 8 位十六进制数的变化范围为 00000000～FFFFFFFF。字信号发生器被激活后，字信号按照一定的规律逐行从底部的输出端送出。

（2）Controls 区

Cycle（循环）：字信号在设置的地址初值到最终值之间周而复始地以设定的频率输出。

Burst（单帧）：字信号从设置的地址初值开始逐条输出，直到最终值时自动停止。

Step（单步）：每单击一次就输出一条字信号。

以上三个按钮称为输出方式按钮。

Reset：回到字信号的起始位置。

Set：参数设置。

（3）Trigger 区

Internal（内部）：用于设置内部触发方式，此时字信号的输出直接受输出方式按钮的控制。

External（外部）：用于设置外部触发方式，此时必须外接触发脉冲信号，而且要设置“上升沿触发”或“下降沿触发”，然后单击输出方式按钮。只有外触发脉冲信号到来时，才启动信号输出。

（4）Display 区

通过选择 Hex、Dec、Binary 和 ASCII 单选钮来设置字信号发生器中输出的字信号分别为十六进制数、十进制数、二进制数和 ASCII 码。

（5）Frequency 区

设置字信号发生器的时钟频率。

3.4.9 逻辑转换仪

逻辑转换仪（Logic Converter）是 Multisim 特有的虚拟装置，能够完成真值表、逻辑表达式和逻辑电路三者之间的相互转换。逻辑转换仪的图标和面板如图 3-24 所示。

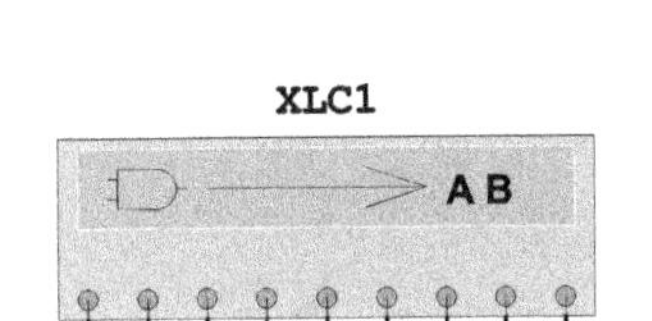

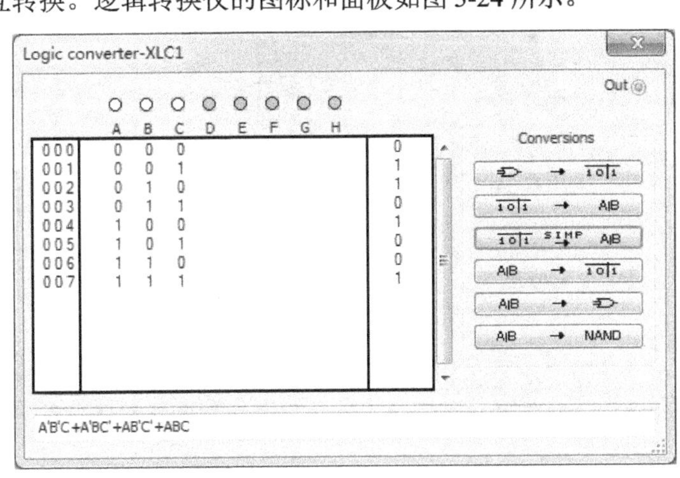

图 3-24 逻辑转换仪的图标和面板

逻辑转换仪的图标上包含 9 个接线端子，左边 8 个端子为输入端子，可用来连接电路的节点，最后一个端子是输出端子。通常，只有在需要将逻辑电路转换为真值表时，才将其图标与逻辑电路相连接。

逻辑转换仪面板主要由 4 部分组成：A～H 端子的 8 个输入端（可供选用的逻辑变量）、真值表列表框、逻辑表达式栏及 Conversions 区。

逻辑转换功能说明如下。

（1）逻辑电路转换成真值表。将逻辑电路的输入端连接到逻辑转换仪的输入端，逻辑电路的输出端连接到逻辑转换仪的输出端。单击 按钮即可得到相应的真值表。

（2）真值表转换为逻辑表达式。首先必须根据输入变量的个数单击输入端的小圆圈（A～

H）来选定输入变量，此时在真值表列表框中将自动出现输入变量的所有组合。然后根据所要求的逻辑关系来确定或修改真值表的输出值（0、1 或 X，X 表示任意），方法是，多次单击真值表列表框右边输出列中的输出值。最后单击 10|1 → A|B 按钮，此时在面板底部的逻辑表达式栏中将出现相应的逻辑表达式。

（3）真值表转换为简化的逻辑表达式。如果需要将真值表转换为简化的逻辑表达式，单击 10|1 SIMP→ A|B 按钮即可。

（4）将逻辑表达式转换成真值表。在逻辑表达式栏中输入逻辑表达式，其中“非”用“'”表示，单击 A|B → 10|1 按钮。

（5）将逻辑表达式转换为逻辑电路。在逻辑表达式栏中输入逻辑表达式，单击 A|B → 门 按钮，可得到由基本逻辑门组成的逻辑电路。

（6）将逻辑表达式转换为由与非门组成的电路。在逻辑表达式栏中输入逻辑表达式，单击 A|B → NAND 按钮即可。

3.4.10 逻辑分析仪

逻辑分析仪（Logic Analyzer）用来对数字电路的时序进行分析，可以同步显示 16 路数字信号。其图标和面板如图 3-25 所示。

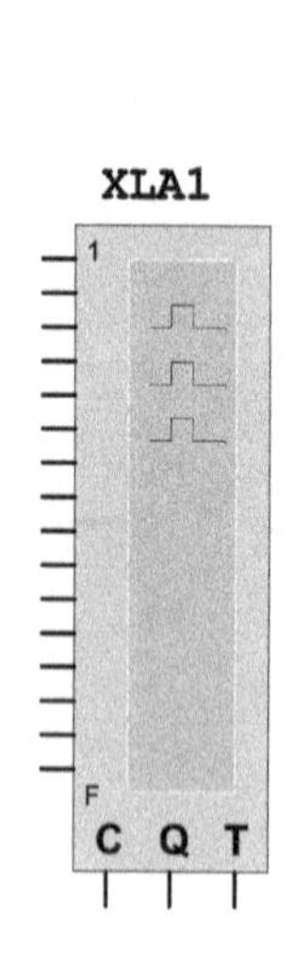

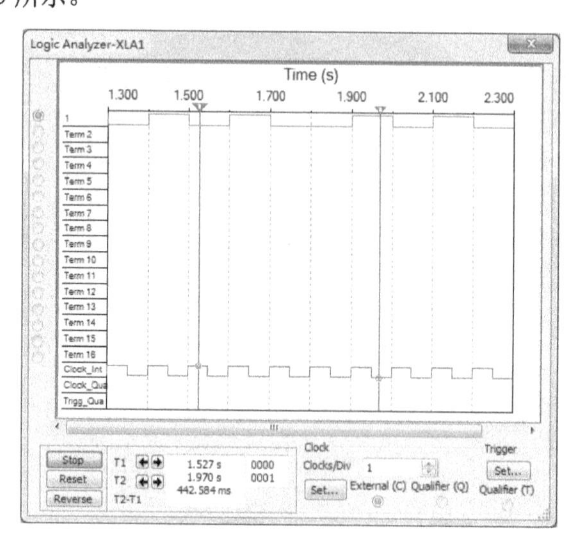

图 3-25　逻辑分析仪的图标和面板

逻辑分析仪的图标上，左边有 16 个端子，它们是逻辑分析仪的输入端口，连接到电路的测量点；下边还有三个端子，C 为外时钟信号输入端，Q 为时钟控制端，T 为外触发信号端。

逻辑分析仪的面板主要分为 4 部分。

（1）显示区。显示各路数字信号的时序。显示区左侧的 16 个小圆圈代表 16 个输入端，如果某个连接端接有被测信号，则该小圆圈内出现一个黑圆点。被采集的 16 路输入信号以方波形式显示在屏幕上。当改变输入信号连接导线的颜色时，显示波形的颜色也随之改变。

（2）控制区。单击 Stop 按钮，停止仿真；单击 Reset 按钮，将逻辑分析仪复位并清除显示波形。T1 和 T2 分别表示读数指针 1 和读数指针 2 与时间基线零点的时间偏差，T2−T1 表示两个读数指针之间的时间差。

（3）Clock 区。Clock/Div 框用于设置一个水平刻度中显示的时钟脉冲个数。单击 Set 按钮可以设置时钟脉冲。

（4）Trigger 区。单击 Set 按钮可以设定触发方式、触发限定字，包括 Positive（上升沿触发）、Negative（下降沿触发）、Both（上升沿、下降沿皆可触发）等多个选项。

3.4.11 伏安特性分析仪

伏安特性分析仪（IV Analysis）用来测量二极管、晶体管和 MOS 管的伏安特性曲线，其图标和面板如图 3-26 所示。

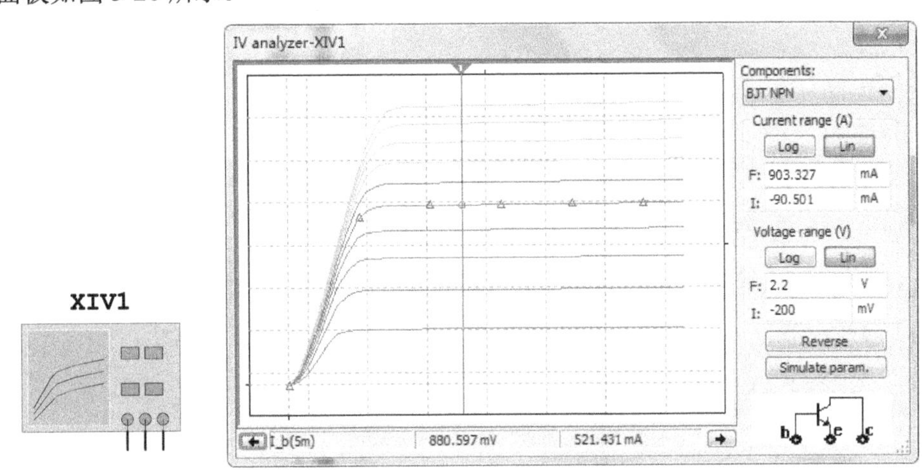

图 3-26 伏安特性分析仪的图标和面板

伏安特性分析仪的图标上包含三个接线端：用于测量二极管时，左边两个端子（从左到右）分别接阳极和阴极；用于测量三极管时，三个端子（从左到右）分别接 b、e、c 或 g、s、d 极。

伏安特性分析仪的面板主要分为 4 部分。

（1）显示区：该区域和其他仪表的相似。

（2）Components 区：选择被测元件类型，有二极管、NPN 型晶体管、PNP 型晶体管、PMOS 管和 NMOS 管。

（3）显示范围设置：Current Range(A)用于设置电流范围，Voltage Range(V)用于设置电压范围。

（4）Simulate param 按钮：单击 Simulate param 按钮，打开仿真参数设置对话框，对不同的被测元件，参数设置的内容不同。

3.5 Multisim 14 的应用

3.5.1 建立电路原理图

1. 定制用户界面

定制用户界面的目的在于方便电路原理图的创建、电路的仿真分析和观察理解。因此，创建一个电路之前，最好根据具体电路的要求和用户的习惯设置一个特定的用户界面。

（1）Global Options 对话框

在 Components 选项卡中，可以设置用户界面中元件箱出现的形式、元件箱内元件的符号标准及从元件箱中选用元件的方式，如图 3-27 所示。

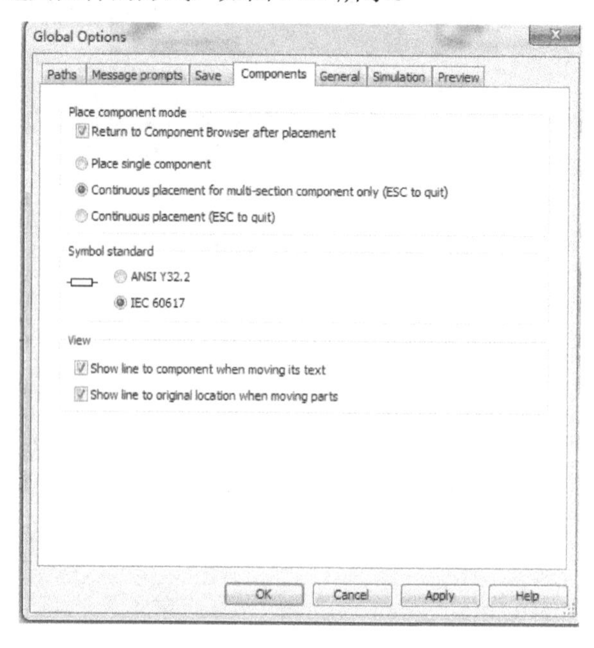

图 3-27　Global Options 对话框的 Components 选项卡

① Place component mode 区：选择放置元件的方式。Place single component 是指一次选取一个元件，只能放置一次；Continuous placement for multi-section component only（ESC to quit）是指对于复合封装在一起的元件，如 74LS00D，可连续放置，直至全部放置完毕，按 Esc 键或右击可以结束放置；Continuous placement（ESC to quit）是指一次选取一个元件，可连续放置多次，不管该元件是单个封装还是复合封装的，直至按 Esc 键或右击结束放置。

② Symbol standard 区：选取所采用元件的符号标准，其中的 ANSI 选项表示采用美国标准，而 IEC 选项表示采用欧洲标准。由于我国的电气符号标准与欧洲标准相近，故选择 IEC 选项较好。

（2）Sheet Properties（页面属性设置对话框）对话框

① Sheet visibility 选项卡。Component 区：主要设置整体电路图中元件参数的显示项目，勾选需要的项目，在右边的浏览区中预览效果；Net names 区：可选择是否显示所有的网点名称，方便进行电路的仿真分析。设置完成后单击 OK 按钮保存设置。如图 3-28 所示。

② Workspace 选项卡。主要用于设置电路窗口的页面。Show 区：设置电路窗口页面的形式，在左边的浏览区中预览效果。为了抓图清晰，可以选择不显示网格点。Sheet size 区：设置电路窗口页面的大小，提供了 A、B、C、D、E、A4、A3、A2、A1 及 A0 共 10 种标准规格的图纸。如果要自定义图纸尺寸，则选择 Custom 项，然后在 Custom size 区内指定图纸宽度（Width）和高度（Height），其单位可选择英寸（Inches）或厘米（Centimeters）。另外，在 Orientation 区内，可设置图纸的放置方向，Portrait 为纵向图纸，Landscape 为横向图纸。设置完成后，单击 OK 按钮保存设置，如图 3-29 所示。

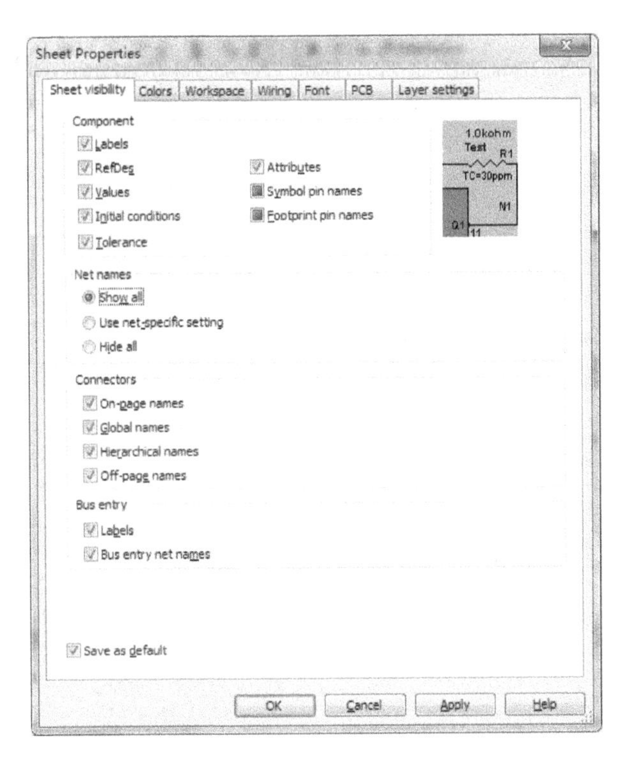

图 3-28　Sheet visibility 选项卡

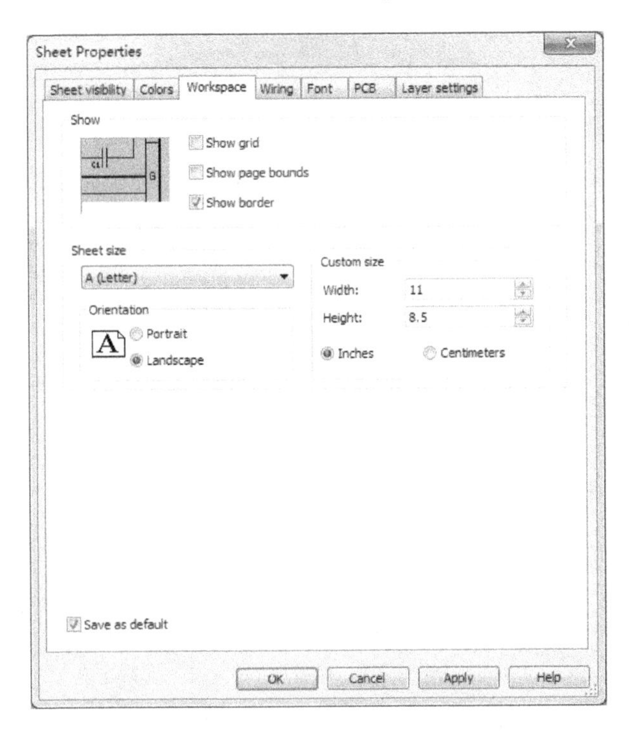

图 3-29　Workspace 选项卡

2．元件的操作

在应用 Multisim 14 时，要根据设计的电路草图从元件库中提取所需的元件到空白文档中，包括电源符号和地符号，统一排列元件的布局，合理分布元件间的距离。

（1）选取元件

选取元件的方法是：在元件工具栏中单击元件库对应的按钮，或者选择 Place 菜单中的 Component 命令，打开元件选择对话框，如图 3-30 所示。在这里，元件库又被称为组（Group），各组下分出各系列（Family），各系列下包含具体的元件（Component）。

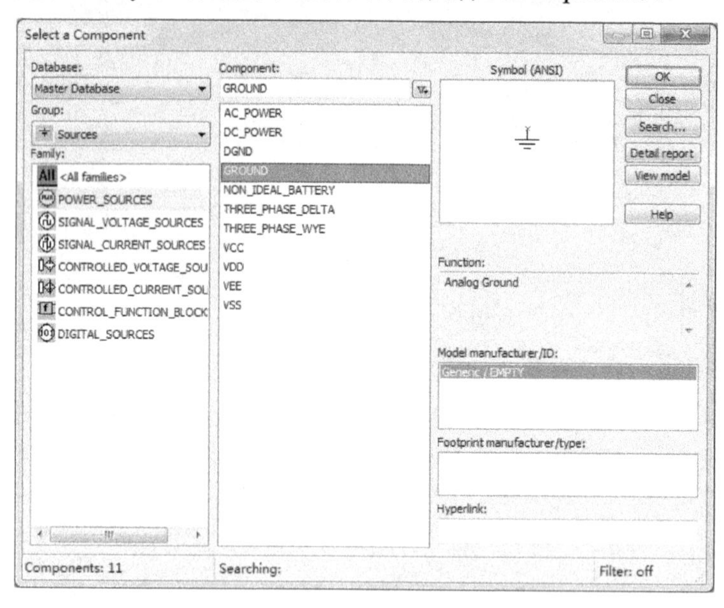

图 3-30　元件选择对话框

如果不清楚要选择的元件在哪个分类下，可以单击 Search 按钮，将弹出如图 3-31 所示的元件搜索对话框。如果仅知道芯片的部分名称，可用“*”号代替未知的部分进行搜索。

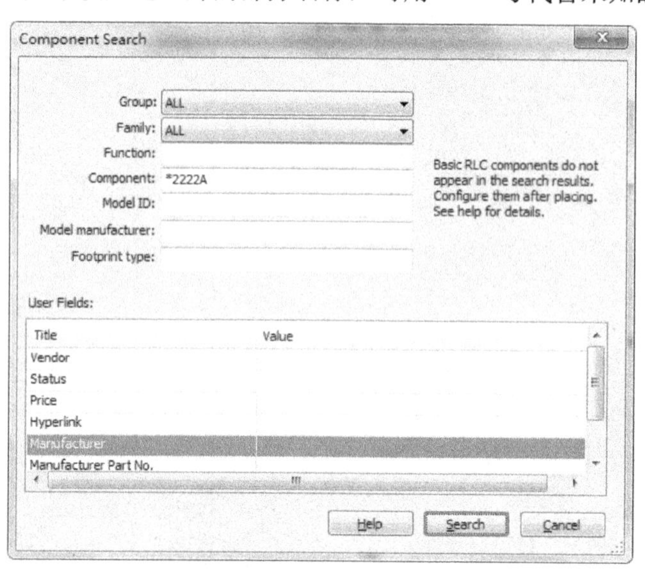

图 3-31　元件搜索对话框

（2）元件编辑

放置元件后，根据需要还可以对其进行移动、删除、旋转和改变颜色等操作，这些操作可用 Edit 菜单中的命令来完成，也可以右击后选择快捷菜单中的命令来完成。后一种方法更快捷、方便。

① 移动元件：单击选中要移动的元件，按住左键，然后拖动到适当的位置后放开左键。若要移动多个元件，则需要先将要移动的元件全部框选起来，然后按住左键拖动其中任意一个元件，则所有选中的元件将会一起被移动到指定的位置。如果只想微移某个元件的位置，则先选中该元件，然后使用键盘上的箭头按键进行位置的调整。

② 删除元件：单击选中要删除的元件，可在键盘上按 Delete 键，或在 Edit 菜单中选择 Delete 命令，也可右击该元件在弹出的快捷菜单中选择 Delete 命令。

③ 旋转元件：右击元件，从快捷菜单中选择旋转命令，包括水平反转（Flip Horizontal）、垂直反转（Flip Horizontal）、顺时针旋转 90 度（Rotate 90 Clockwise）和逆时针旋转 90 度（Rotate 90 Counter Clockwise）。

④ 改变元件的颜色：右击元件，从快捷菜单中选择 Color 命令，在弹出的对话框中选取所要采用的颜色即可。

（3）元件参数的设置

双击工作区内的元件，会弹出相应的属性对话框。下面介绍各选项卡的功能及设置。

① Label 选项卡：可用于修改元件的标识（Label）和编号（RefDes）。标识是用户赋予元件的方便识别的标记。编号一般由软件自动给出，用户也可根据需要自行修改。有些元件没有编号，如连接点、接地点等。

② Display 选项卡：用于设定已选元件的显示参数。

③ Value 选项卡：当元件有数值大小时，如电阻、电容等，可在该选项卡中修改元件的标称值、容差等，还可修改附加的 SPICE 仿真参数及编辑元件引脚。

④ Fault 选项卡：可以在电路仿真过程中在元件相应的引脚上人为设置故障点，如开路、断路及漏电阻。

3. 导线的连接

走线的距离和走线的根数决定了元件间的位置，布线要尽量减少导线与导线之间的交叉，设计时要调整好整体的布局和布线方案。

（1）两个元件之间的连接

将鼠标指针指向要连接的元件引脚的一个端点时，鼠标指针上会出现一个十字光标，单击该端点即可引出导线，将鼠标指针指向另一个元件引脚的端点，待该端点变红后单击，即自动完成了两个元件之间的连接。

（2）元件与某根导线的中间连接

从元件引脚开始，鼠标指针指向该引脚的端点并单击，然后拖到所要连接的导线上再次单击，系统不但自动连接这两个点，同时在所连接导线的交叉点上自动放置一个连接点。除上述情况外，对于两根导线交叉而过的情况，不会产生连接点，即两根交叉导线并不互相连接。

（3）连接点的放置

如果要让交叉导线互相连接，可在交叉点上放置一个连接点（节点）。一种方法是，在 Place 菜单中选择 Junction 命令，即可将节点放在工作区内适当的位置；另一种方法是，在工作区空白处右击，在快捷菜单中选择 Place on schematic 下的 Junction 命令。

（4）设置导线与连接点的颜色

为了使电路各导线及连接点之间彼此清晰可辨，可以给它们设置不同的颜色。右击工作区空白处，在快捷菜单中选择属性命令，打开页面属性设置对话框，在其中可改变所有导线（Wire）的颜色。

（5）删除导线或连接点

如果要删除导线或连接点，则将鼠标指针指向所要删除的导线或连接点，右击，在快捷菜单中选择 Delete 命令即可。或者单击选中导线或连接点，然后在键盘上按 Delete 键。

（6）放置输入/输出端点

在 Multisim 14 内，连接线路必须是引脚对引脚，或引脚对导线，而不能把导线的任何端点悬空。不过，对于电路的输入/输出端点而言，导线的一端可能本来就是空的，所以我们必须放置一个输入端点或输出端点，如此才能与外电路相连。放置输入/输出端点，可以选择 Place 菜单下的 Connectors 中的 Place HB/SB Connector 命令，取出一个浮动的输入/输出端点，在适当位置上单击，即可将其固定。

（7）在连线上插入元件

要在两个元件之间的导线上插入元件，只需将待插入的元件直接拖到导线上，然后释放即可。

4．电路原理图的创建实例

设计由 JK 触发器和逻辑门组成的 110 序列检测电路，其原理图如图 3-32 所示。通过此实例初步了解设计图纸时电子元件的放置、布线等过程。

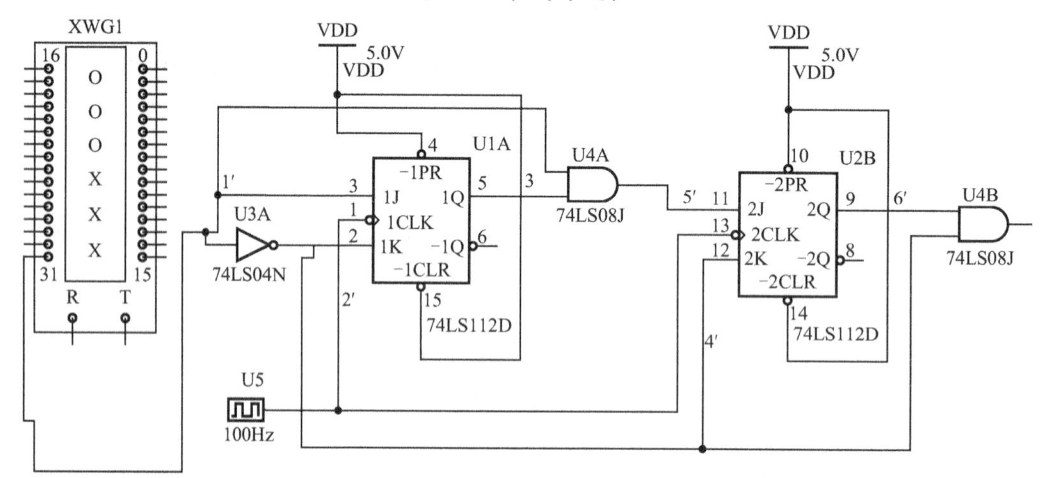

图 3-32　110 序列检测电路原理图

创建电路原理图的基本步骤如下。

（1）设置用户界面。打开 Global Options 对话框，对用户界面中元件箱出现的形式、元件箱内元件的符号标准及从元件箱中选用元件的方式进行设置；打开 Sheet Properties 对话框，对页面进行简单的设置。

（2）打开 TTL 库，从 74LS 元件箱中选取 74LS112D 触发器、74LS04N 反相器和 74LS08J 与门，放在适当位置上。

（3）打开电源库，从 POWER_SOURCES 元件箱中选取直流电源，放置在电路的适当位置上。

（4）打开显示元件库，从 PROBE 元件箱中选取 PROBE_DIG_RED，放置在电路的适当位置上，用来显示输出信号。

（5）对需要进行参数设置的元件，单击其图标，打开属性对话框进行设置。

（6）根据需要，调整元件的方向。方法是，将鼠标指针指向需要调整方向的元件，右击，在快捷菜单中选择所需的角度命令。

（7）连接导线。

3.5.2 仿真分析简介

1. 仿真分析功能简介

Multisim 14 提供了非常齐全的仿真分析功能。选择 Simulate 菜单中的 Analyses and simulation 命令，即可弹出一个级联菜单，其中提供了 19 种仿真分析功能。

（1）直流工作点分析（DC Operating Point Analysis）

直流工作点分析是指，在电路的交流信号设为 0、电感视为短路、电容视为开路、数字元件被当成一个接地的大电阻的情况下计算静态工作点。直流工作点分析的结果通常可用于电路的进一步分析，例如，在进行暂态分析和交流小信号分析之前，程序会自动先进行直流工作点分析，以确定暂态的初始条件和交流小信号情况下非线性元件的线性化模型参数。

（2）交流扫描分析（AC Sweep Analysis）

交流扫描分析是指，在给定的频率范围内，计算线性电路的频率响应。在对以电路中的小信号电路进行交流频率分析时，直流源设为 0，交流源、电感和电容用它们的交流模型来表示，非线性元件用线性交流小信号模型来表示，数字元件被当成一个接地的大电阻。

（3）瞬态分析（Transient Analysis）

瞬态分析是指，在给定的起始与终止时间内，计算电路中任意节点上电压随时间的变化关系。瞬态分析的结果通常是分析节点的电压波形，用示波器可观察相同的结果。

（4）直流扫描分析（DC Sweep Analysis）

直流扫描分析是指，计算电路中某个节点上的直流工作点随电路中一个或两个直流电源的数值变化的情况。利用直流扫描分析，可快速地根据直流电源的变动范围确定电路的直流工作点。它的作用相当于每变动一次直流电源的数值，就对电路做几次不同的仿真。数字元件被当成一个接地的大电阻。

（5）单频交流分析（Single Frequency AC Analysis）

单频交流分析类似于交流扫描分析，但只测量某个频率下电路中各节点的数据。

（6）参数扫描分析（Parameter Sweep Analysis）

参数扫描分析是指，根据电路中的元件通过改变扫描的参数、范围、类型（线性或对数）与分辨率，计算电路的 DC、AC 或瞬态响应，从而可以看出各个参数对这些性能的影响程度。

（7）噪声分析（Noise Analysis）

噪声分析是指，根据指定的输出节点、输入噪声源及扫描频率范围，计算所有电阻与半导体器件所贡献的噪声的均方根值。

（8）蒙特卡罗分析（Monte Carlo Analysis）

蒙特卡罗分析是指，在给定的容差范围内，计算当元件参数随机地变化时，对电路的 DC、AC 与瞬态响应的影响。可以对元件参数容差的随机分布函数进行选择，使分析结果更符合实际情况。通过该分析可以预计由于制造过程中元件的误差而导致所设计电路不合格的概率。

（9）傅里叶分析（Fourier Analysis）

傅里叶分析是指，在给定的频率范围内，对电路的瞬态响应进行傅里叶分析，计算出该瞬态响应的 DC 分量、基波分量及各次谐波分量的幅值与相位。

（10）温度扫描分析（Temperature Sweep Analysis）

温度扫描分析是指，根据给定的扫描（温度变化）范围、类型（线性或对数）与分辨率，计算电路的 DC、AC 瞬态响应，从而可以看出温度对这些性能的影响程度。

（11）失真分析（Distortion Analysis）

失真分析是指，根据给定的任意节点，以及扫描范围、扫频（线性或对数）与分辨率，计算总的小信号稳态谐波失真及互调失真。

（12）灵敏度分析（Sensitivity Analyses）

灵敏度分析是指，计算电路的输出变量对电路中元件参数的敏感程度。Multisim 14 提供直流灵敏度与交流灵敏度的分析功能。直流灵敏度的仿真结果以数值的形式显示，而交流灵敏度仿真的结果则绘出相应的曲线。

（13）最坏情况分析（Worst Case Analysis）

最坏情况分析是指，当电路中所有元件的参数在其容差范围内改变时，计算所引起的 DC、AC 或瞬态响应变化的最大方差。“最坏情况”是指，元件参数的容差设置为最大值、最小值或者最大上升或下降值。

（14）零极点分析（Pole Zero Analysis）

零极点分析是指，对给定的输入与输出节点，以及分析类型（增益或阻抗的传递函数，输入或输出阻抗），计算交流小信号传递函数的零、极点，从而可以获得有关电路稳定性的信息。

（15）传递函数分析（Transfer Function Analysis）

传递函数分析是指，对给定的输入源与输出节点，计算电路的小信号传递函数，以及输入、输出阻抗和增益。

（16）布线宽度分析（Trace Width Analysis）

布线宽度分析是指，计算满足电路中任意走线上有效电流的最小走线宽度。

（17）批处理分析（Batched Analysis）

批处理分析的详细说明参见 Multisim 14 的帮助文件。

2. 分析结果的观察

在 View 菜单中选择 Grapher 命令，弹出 Grapher View 窗口。这是一个多用途的显示分析结果的活动窗口，主要用来显示各种分析所产生的图形或图表，也可以显示一些仪表（如示波器或波特图仪等）的图形轨迹。另外，还可以调整、保存和输出仿真曲线或图表。

显示图形时，沿水平和垂直方向的数据被显示成一条或多条图形轨迹；显示图表时，数据按行/列方式排列。显示窗口可以由多页组成，每页的上面显示名称、分析方法，下面是图表/图形。每页有两个可激活区，整页或单个图表/图形区，由左侧的红色箭头来指示。当单击页名时，红色箭头指向页名，表示选中整页，此时可以设置页面的属性，如设置页名、设置图表/图形的标题等；当单击某个图表/图形区时，红色箭头指向图表/图形，表示选中该图表/图形，此时也可以进行某些功能操作。

如图 3-33 所示为示波器显示的 110 时序检测电路的输出波形，显示在 Grapher View 窗口中。从图 3-33 中可以看出，该窗口与一般的 Windows 界面相似，有标题栏、菜单栏、工具栏、工作区和状态栏。

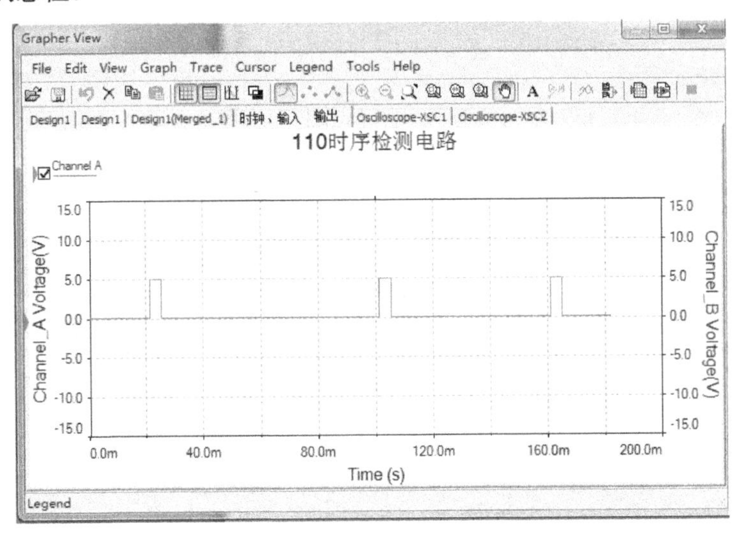

图 3-33 Grapher View 窗口

这里着重介绍有特色的功能，选择 Cursor 菜单中的 Show cursors（显示/隐藏指针）命令，可以打开 Cursor 对话框，如图 3-34 所示，其中的指针读数与示波器显示屏上的指针读数相同。

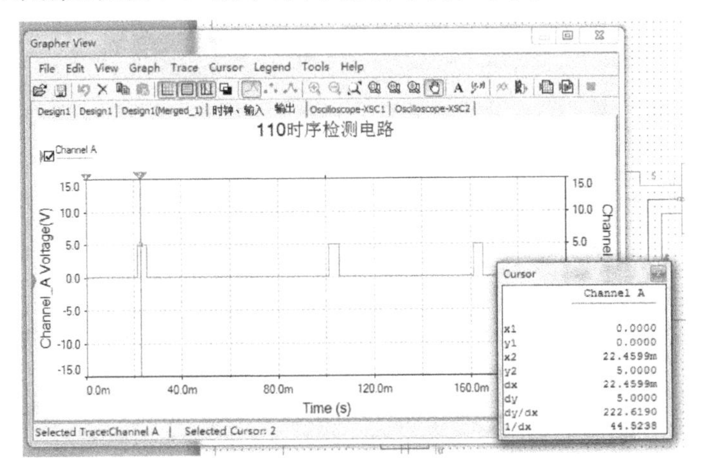

图 3-34 显示指针读数

3. 分析功能的一般设置

选择 Simulate 菜单中的 Analyses and simulation 命令，在级联菜单中选择需要的分析功能，此时打开一个对话框，包含一些选项卡，如图 3-35 所示。设置好相应的项目后，就可以进行仿真。

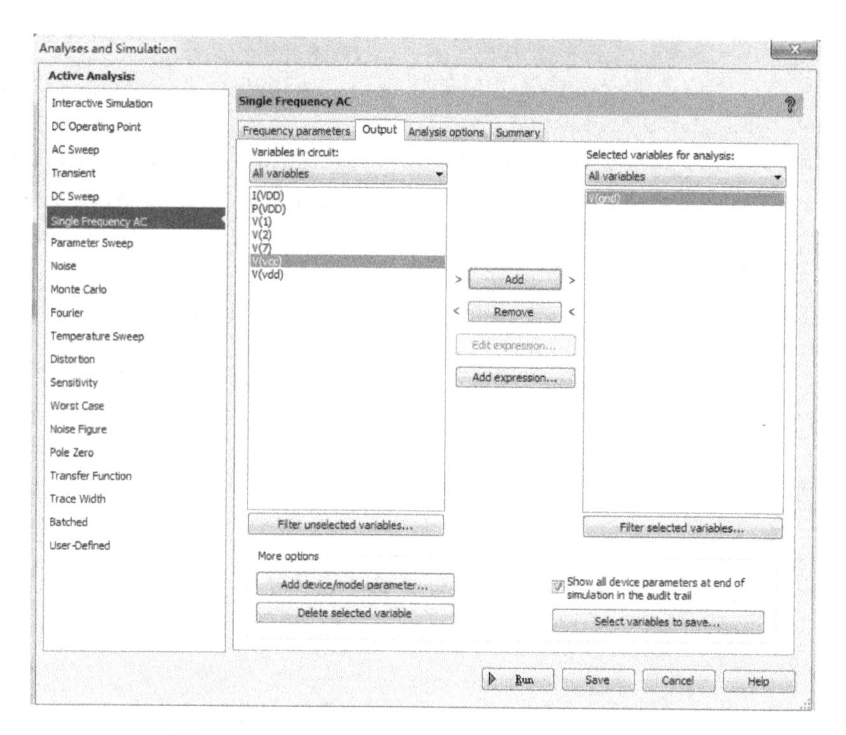

图 3-35　Single Frequency AC 页的 Output 选项卡

Frequency parameters 选项卡：用于设置某个分析功能的参数。不同的分析功能，其 Frequency parameters 选项卡有所不同，设置的参数也有所不同。

Output 选项卡：主要用于选定所要分析的节点，如图 3-35 所示。不同的分析功能，其 Output 选项卡基本相同，可以从 Variables in circuit 列表框中选择用于分析的节点，通过 Add 按钮添加到右侧列表框中。需要去掉某个节点时，通过 Remove 按钮完成。单击 Run 按钮便可以开始功能分析。

Analysis options 选项卡：用于设置与仿真分析有关的其他选项，包括分析后图表/图形的标题及功能分析的典型值。大部分项目应该采用默认值。

Summary 选项卡：用于对分析设置进行汇总确认。在此给出了所设定的参数和选项，用户可检查分析设置是否正确。

4．数字电路仿真实例

用 Multisim 14 可以实现数字电子技术的仿真实验，帮助学生提高学习质量。数码显示器件及测量仪表要放在合适的位置，输入量可以定义为逻辑开关、信号源等，根据电路的不同要求而进行选择。输出量与输入量可以用逻辑状态指示灯分别观察，也可以使用示波器或逻辑分析仪来进行观察。将数字时钟信号源作为时钟信号（频率 100Hz，占空比 50%）；将字信号发生器产生随机脉冲作为输入信号，由于字信号发生器有 30 位信号并行输出，这里只连接其中最高的为作为输入信号；当检测到一个 110 序列时，输出端的指示灯会亮一下，同时在示波器上可以看到一个脉冲信号。110 序列检测电路仿真运行后，其结果如图 3-36 所示。

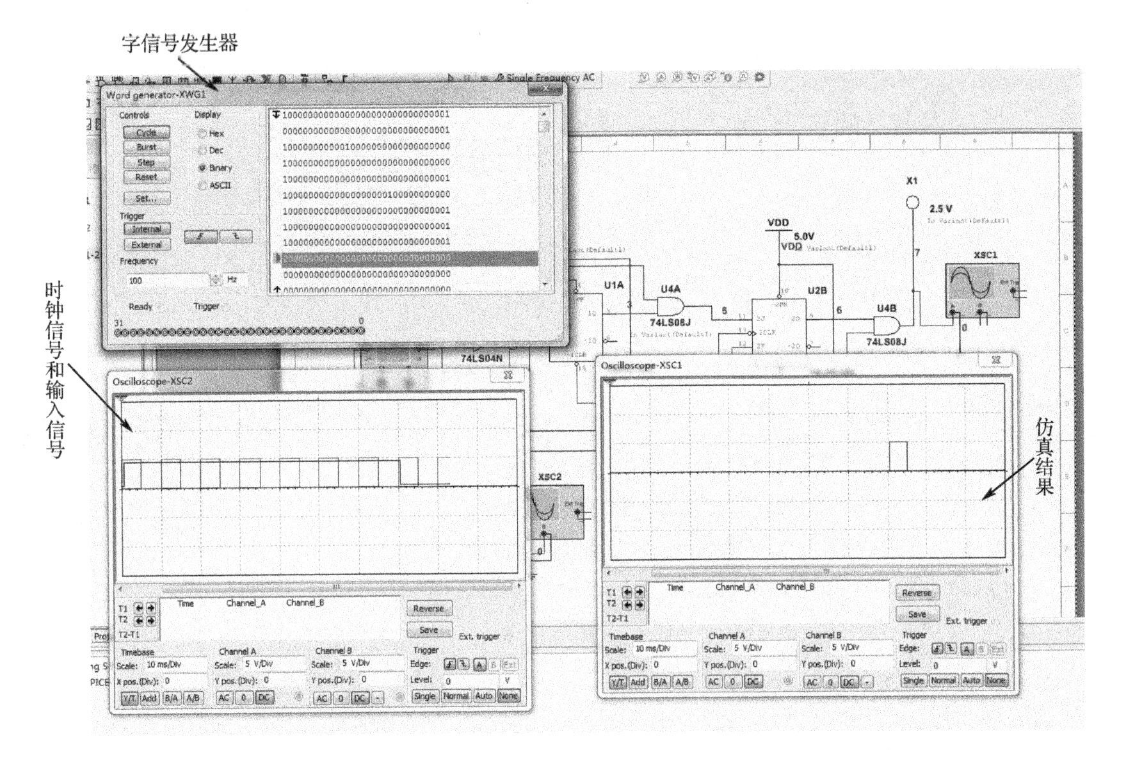

图 3-36　110 序列检测电路仿真结果

第4章 基础实验

实验1 集成与非门逻辑功能及参数测试

一、实验目的

1．了解TTL与非门和CMOS与非门的引脚分布。
2．了解TTL与非门和CMOS与非门各参数的意义。
3．掌握TTL与非门和CMOS与非门主要参数的测试方法。
4．掌握TTL与非门和CMOS与非门电压传输特性的测试方法。

二、实验原理

1．TTL与非门主要参数的测试

（1）输出高电平U_{OH}

输出高电平是指与非门有一个以上输入端接地或接低电平时的输出电平。空载时，输出高电平必须大于标准高电压（U_{SH}=2.4V）；接有拉电流负载时，输出高电平将下降。测试电路如图4-1所示。

（2）输出低电平U_{OL}

输出低电平是指与非门所有输入端都接高电平时的输出电平。空载时，输出低电平必须低于标准低电压（U_{SL}=0.4V）；接有灌电流负载时，输出低电平将上升。测试电路如图4-2所示。

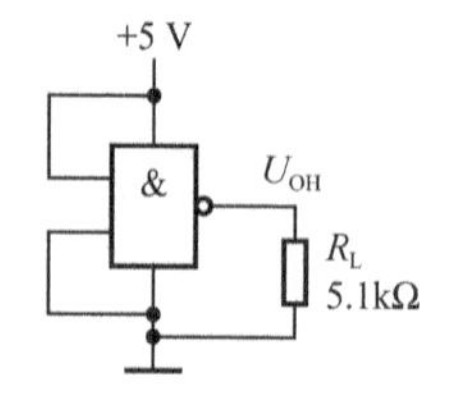

图4-1 TTL与非门U_{OH}的测试电路

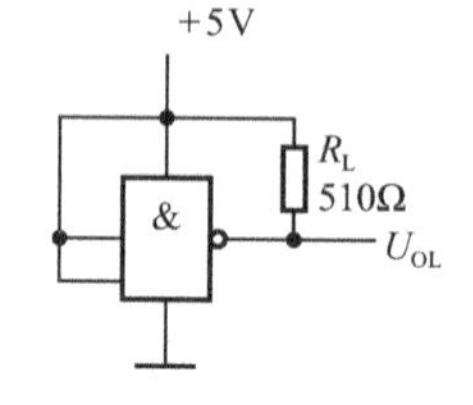

图4-2 TTL与非门U_{OL}的测试电路

（3）输入短路电流I_{IS}

输入短路电流是指与非门的输入端接地，空载时，从输入端流出的电流。一般输入短路电流小于1.6mA，典型值为1.4mA。测试电路如图4-3所示。

（4）扇出系数N

扇出系数是指输出端最多能带同类门的个数。它反映了与非门的带负载能力。扇出系数可用输出为低电平（小于等于 0.35V）时的最大允许负载电流与输入短路电流之比求得，即

$N=\dfrac{I_{OLmax}}{I_{IS}}$。一般 $N>8$，被认为合格。测试电路如图 4-4 所示。注意：I_{OLmax} 最大不要超过 20mA，以防止损坏器件。

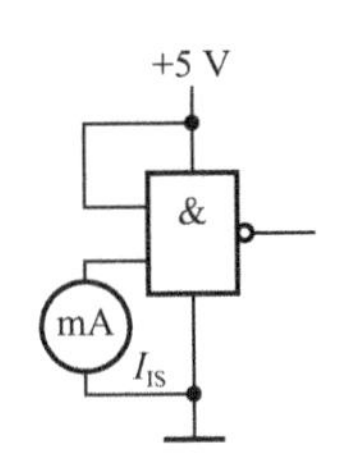

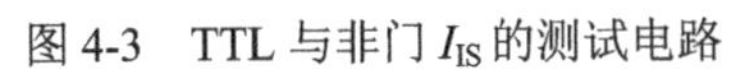
图 4-3　TTL 与非门 I_{IS} 的测试电路

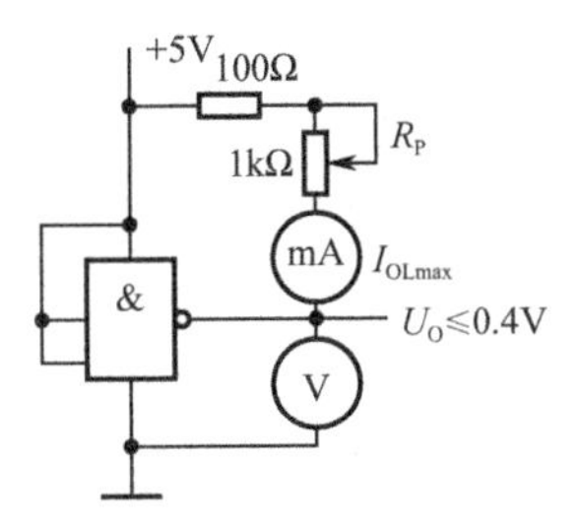

图 4-4　TTL 与非门扇出系数 N 的测试电路

2．TTL 与非门的电压传输特性

电压传输特性是指输出电压随输入电压变化的曲线。从电压传输特性上可以直接读出输出高电平（U_{OH}）、输出低电平（U_{OL}）。测试电路如图 4-5 所示，其中图（a）利用电位器调节被测输入电压，测出对应的输出电压，用实测的数据绘出电压传输特性曲线；图（b）用示波器显示电压传输特性曲线，其中输入为 500Hz，4V 的锯齿波，取自实验箱上的信号源。示波器工作在 X-Y 方式下，由 X 和 Y 输入合成的曲线，便可直观地观察到与非门的电压传输特性。

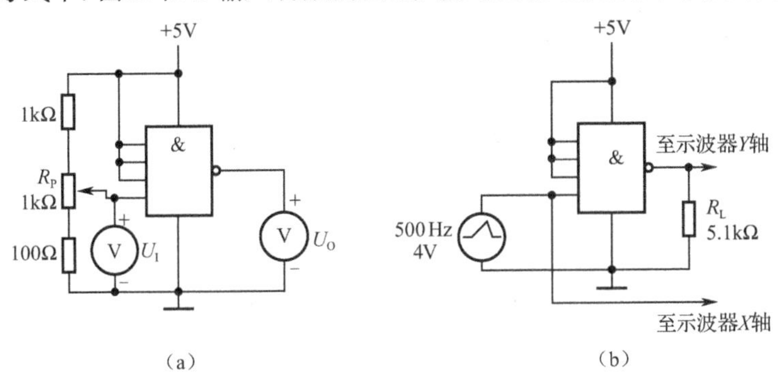

图 4-5　TTL 与非门电压传输特性的测试电路

3．CMOS 与非门主要参数的测试

（1）输出高电平 U_{OH}

测试条件是输出端开路，将一个输入端接地，其他输入端接高电平。通常，$U_{OH}\approx V_{DD}$。

（2）输出低电平 U_{OL}

输出低电平是指在规定的电源电压下，输入端接 V_{DD}，输出端开路时的输出电平。通常，$U_{OL}\approx 0V$。

CMOS 与非门 U_{OH} 和 U_{OL} 的测试电路如图 4-6 所示。输入端全部接高电平时测 U_{OL}；将其中一个输入端接地，其余输入端接高电平时测 U_{OH}。

4．CMOS 与非门的电压传输特性

CMOS 与非门的电压传输特性很接近理想的电压传输特性曲线，是目前其他任何逻辑电

路都比不上的。CMOS 与非门电压传输特性的测试方法与 TTL 与非门电压传输特性的测试方法基本一样，只是将不用的输入端接到电源（$+V_{DD}$）上即可，不得悬空。测试电路如图 4-7 所示。

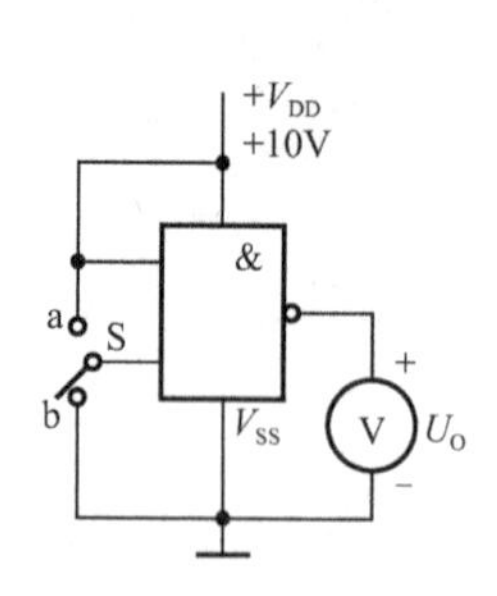

图 4-6　CMOS 与非门 U_{OH} 和 U_{OL} 的测试电路

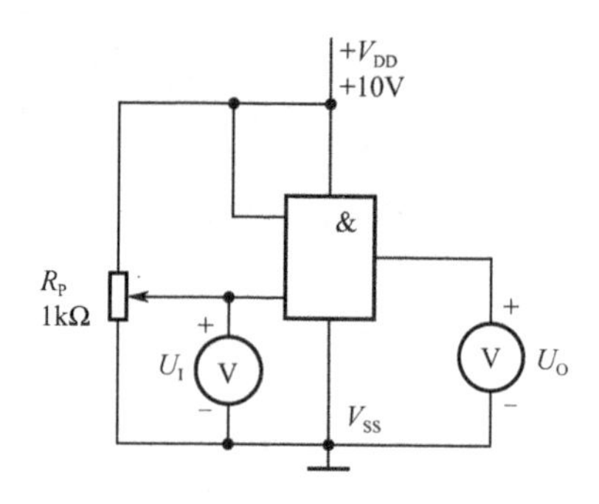

图 4-7　CMOS 与非门电压传输特性的测试电路

三、实验仪器、设备与器件

1．实验箱。

2．数字万用表。

3．集成电路芯片：7400，7420，CD4011。

4．电阻：5.1kΩ，1kΩ，3kΩ，2.7kΩ，510Ω，100Ω。

5．电位器：1kΩ，47kΩ。

四、实验内容与步骤

1．基本内容

（1）用 Multisim 14 进行软件仿真，分析仿真结果。

（2）在实验箱上完成电路连接，用数字万用表分别测量 TTL 与非门、CMOS 与非门在带负载和开路两种情况下的输出高电平和输出低电平。

（3）分别测量 TTL 与非门和 CMOS 与非门的电压传输特性。

（4）测试 TTL 与非门的输入短路电流、扇出系数。

（5）验证 TTL 与非门和 CMOS 与非门的逻辑功能。

2．扩展内容

测试 7420 的主要参数及电压传输特性。

五、实验注意事项

1．TTL 与非门对电源电压要求较严，电源电压 V_{CC} 为+5V，允许的变化范围比较窄，一般在 4.5～5.5V 之间，超过+5.5V，将损坏器件；低于+4.5V，器件的逻辑功能将不正常。

2．在实验过程中修改电路接线时，一定要先断电。严禁带电操作。

3．每个芯片都应接电源和地。

4．开关的高、低电平不能用作电源和地。

六、实验报告要求

1．分别列表记录所测得的 TTL 与非门和 CMOS 与非门的主要参数。
2．分别画出 TTL 与非门和 CMOS 与非门的电压传输特性曲线，标出 U_{OH}、U_{OL}。
3．比较 TTL 与非门和 CMOS 与非门的性能。
4．总结实验，写出心得体会。

七、预习要求

1．了解实验箱的使用方法。
2．复习基本逻辑门电路的工作原理及相应的逻辑表达式。
3．熟悉集成电路芯片的引脚及其用途。
4．熟悉 Multisim 14 的使用方法。
5．拟订实验步骤和数据表格。

八、思考题

1．为什么 TTL 与非门的输入端悬空相当于逻辑 1？
2．CMOS 与非门与 TTL 与非门相比有什么特点？

实验 2　集成逻辑门电路及其应用

一、实验目的

1．验证集成逻辑门电路的功能。

2．掌握集成逻辑门电路的实际应用。

3．了解集成逻辑门电路多余输入端的处理方法。

二、实验原理

1．TTL 门电路

TTL 门电路是数字电路中应用最广泛的集成逻辑门电路，基本门有与门、或门和非门，复合门有与非门、或非门、与或非门和异或门等。这种电路的电源电压为+5V，电源电压允许变化范围比较窄，一般在 4.5～5.5V 之间。输出高电平的典型值是 3.6V（输出高电平大于等于 2.4V 为合格），输出低电平的典型值是 0.3V（输出低电平小于等于 0.45V 为合格）。

对门电路的多余输入端，最好不要悬空，虽然对 TTL 门电路来说，悬空相当于逻辑 1，并不影响与门、与非门的逻辑关系，但悬空容易受到干扰，有时会造成电路误动作。不同的门电路，其多余输入端的处理方法不同。

（1）TTL 与门、与非门的多余输入端的处理方法

TTL 与门、与非门的多余输入端的处理方法是，把多余输入端与有用的输入端并联使用，也可以把多余输入端接高电平或通过串接限流电阻接高电平，如图 4-8 所示。在实际使用中，多采用把多余的输入端通过串接限流电阻接高电平的方法。

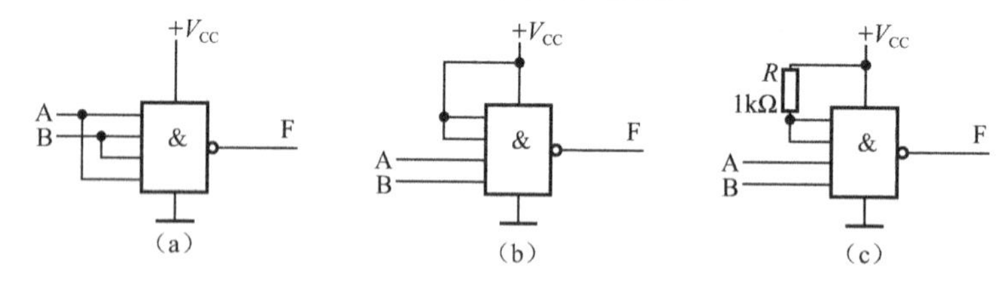

图 4-8　TTL 与门、与非门的多余输入端的处理方法

（2）TTL 或门、或非门的多余输入端的处理方法

TTL 或门、或非门的多余输入端的处理方法是，把多余输入端与有用的输入端并联使用，也可以把多余输入端接低电平或接地，如图 4-9 所示。

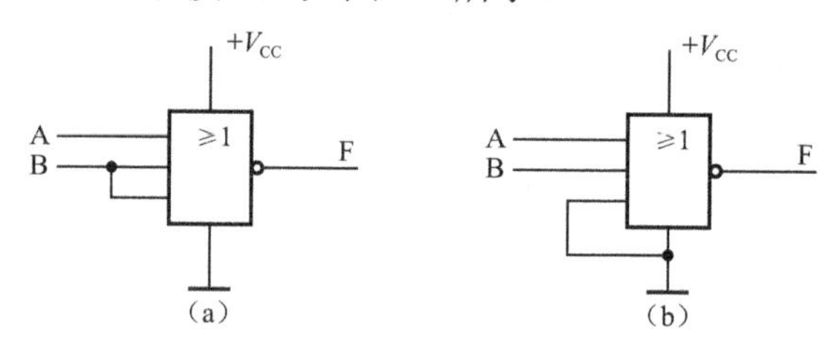

图 4-9　TTL 或门、或非门的多余输入端的处理方法

2. CMOS门电路

CMOS 门电路具有输入电阻大、功耗小、制造工艺简单、集成度高、电源电压变化范围大（3～18V）、输出电压摆幅大和噪声容限高等优点，因而在数字电路中得到了广泛的应用。高电平的典型值是电源电压 V_{DD}，低电平的典型值是 0V。

由于 CMOS 门电路的输入电阻很大，容易受静电感应而造成击穿，使其损坏，因此，使用时应注意以下 4 点。

（1）CMOS 门电路一定要先加电源电压 V_{DD}，后加输入信号 U_i，而且应满足 $V_{SS} \leq U_i \leq V_{DD}$。工作结束时，应先撤去输入信号，后去掉电源电压。

（2）电源电压 V_{DD}、V_{SS} 首先要避免超过极限电压，其次要注意电源电压的高、低会影响电路的工作频率，绝对不允许接反。

（3）在电源接通的情况下，禁止装拆线路或器件。

（4）对 CMOS 门电路的多余输入端，不能悬空。对不同的门电路，其多余输入端的处理有不同的方法。

① CMOS 与门、与非门的多余输入端的处理方法

CMOS 与门、与非门的多余输入端的处理方法是，把多余输入端与有用的输入端并联使用，也可以把多余输入端接高电平或通过串接限流电阻接高电平。在实际使用中，多采用把多余输入端通过串接限流电阻接高电平的方法，最好不要并联使用，因为这样将增大输入端的电容量，降低工作速度。

② CMOS 或门、或非门的多余输入端的处理方法

CMOS 或门、或非门的多余输入端的处理方法是，把多余输入端与有用的输入端并联使用，也可以把多余输入端接低电平或接地。

三、实验仪器、设备与器件

1．实验箱。
2．数字万用表。
3．集成电路芯片：7400，7427，7486，7451，7420，7402。
4．电阻：1kΩ。

四、实验内容与步骤

1. 基本内容

实验前按实验箱的使用说明先检查电源是否正常，然后选择实验用的集成逻辑门电路，按设计的实验接线图接好，特别要注意电源电压 V_{CC} 及地线不能接错。实验中，改动接线须断开电源，接好线后再通电实验。

（1）测试常用逻辑门电路的功能

7400、7402、7427、7451、7486 的引脚图见附录 C。选中一个逻辑门电路，将输入端分别接到逻辑开关上，输出端接到发光二极管上，通过发光二极管的状态来观察逻辑门电路的输出状态。扳动开关分别给出高、低电平的输入，测试其逻辑功能。若其功能正确，可以使用，否则，不能使用。

（2）用与非门实现逻辑函数

写出逻辑表达式，由于 7400 是与非门，故将其改写成与非-与非形式。画出标明引脚的逻辑电路图，将输入端（A、B、C）接到逻辑开关上，输出端（F）接到发光二极管上，通过发光二极管的状态来观察与非门的输出状态。扳动开关给出 8 种组合输入，若输出状态与表 4-1 所列一致，则说明该实验正确；反之，则说明实验不正确，需要查找原因，排除故障，直至实验正确为止。

（3）用或非门实现逻辑函数

首先画出由 7402 实现表 4-1 的逻辑电路图，然后将实验结果填入表 4-2 中。不允许有反变量输入，同时注意多余输入端的处理。

（4）用与或非门实现逻辑函数

首先画出由 7451 实现表 4-1 的逻辑电路图，然后将实验结果填入表 4-3 中。不允许有反变量输入，同时注意多余输入端的处理。

表 4-1　真值表

A	B	C	F
0	0	0	0
0	0	1	0
0	1	0	0
0	1	1	1
1	0	0	0
1	0	1	0
1	1	0	1
1	1	1	1

表 4-2　实验数据表

A	B	C	F
0	0	0	
0	0	1	
0	1	0	
0	1	1	
1	0	0	
1	0	1	
1	1	0	
1	1	1	

表 4-3　实验数据表

A	B	C	F
0	0	0	
0	0	1	
0	1	0	
0	1	1	
1	0	0	
1	0	1	
1	1	0	
1	1	1	

2．扩展内容

用异或门 7486 设计一个 4 位二进制数取反电路。要求画出逻辑电路图，列出功能表，并通过实验进行验证。

五、实验注意事项

1．在实验过程中，每次修改电路一定要先断电。严禁带电操作。
2．每个芯片都应接电源和地。
3．在实验过程中，多余输入端不允许悬空。

六、实验报告要求

1．按照实验内容要求设计并画出逻辑电路图，写出电路设计过程与完成步骤。
2．对实验中出现的问题和实验结果进行分析。
3．比较 TTL 门电路和 CMOS 门电路的性能。
4．写出实验心得体会。

七、预习要求

1．复习基本逻辑门电路的工作原理及相应的逻辑表达式。

2．熟悉集成电路芯片的引脚及其用途。

3．了解各种集成逻辑门电路的多余输入端的处理方法。

4．熟悉实验箱及其使用方法。

八、思考题

1．CMOS 门电路和 TTL 门电路的多余输入端如何处理？

2．CMOS 门电路和 TTL 门电路的输出端应注意哪些问题？

3．能否将 TTL 门电路作为 CMOS 门电路的负载？为什么？

实验 3　三态门和集电极开路门

一、实验目的

1．了解三态（TSL）门、集电极开路（OC）门的特点。

2．掌握三态门、集电极开路门组成的应用电路。

二、设计任务与要求

1．基本设计任务与要求

（1）用 TSL 门设计一个三路信号分时传送的总线结构。框图如图 4-10 所示，功能表见表 4-4。

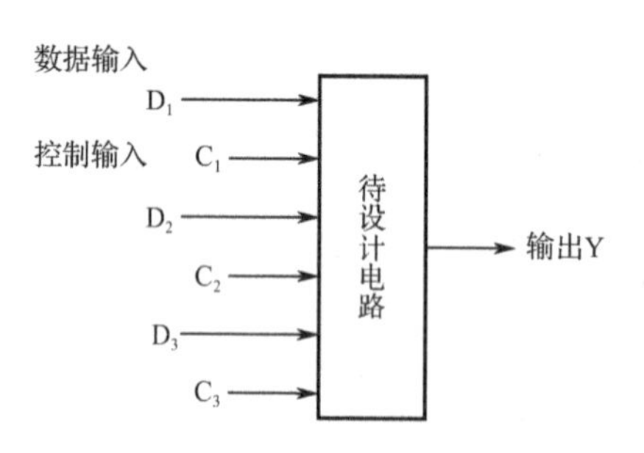

图 4-10　三路信号分时传送的框图

表 4-4　三路信号分时传送的功能表

控制输入			输出
C_1	C_2	C_3	Y
1	0	0	D_1
0	1	0	D_2
0	0	1	D_3

（2）用 OC 门与非门实现三路信号分时传送的总线结构。要求同（1）。

（3）已知某逻辑函数的卡诺图，如图 4-11 所示，用 OC 门实现该逻辑函数。要求所用的 OC 门的数量最少。

AB \ CD	00	01	11	10
00	1	0	0	1
01	×	0	0	1
11	×	0	0	0
10	1	0	0	×

图 4-11　某逻辑函数的卡诺图

2．扩展设计任务与要求

用 TSL 门设计一个多路双向传送信号电路，要求传送的信号在三路以上。

三、实验原理

在数字逻辑系统中，有时需要把两个或两个以上集成逻辑门电路的输出端连接起来，完成一定的逻辑功能。普通 TTL 门电路的输出端是不允许直接连接的，而 TSL 门和 OC 门的输出端允许连接在一起使用。

1. OC 门

（1）利用 OC 门实现“线与”。OC 与非门只有在外接上拉电阻 R_L 和电源 $+E_C$ 后才能正常工作。由两个 OC 门输出端相连的电路如图 4-12 所示，输出为：

$$F=F_1\cdot F_2=\overline{A\cdot B}\cdot\overline{C\cdot D}=\overline{A\cdot B+C\cdot D}$$

即实现了两个 OC 门输出端“线与”，完成了与或非的逻辑功能。

（2）利用 OC 门实现电平转换。当 74 系列或 74LS 系列 TTL 门电路驱动 CD4000 系列或 74HC 系列 CMOS 门电路时，不能直接驱动，因为 74 系列 TTL 电路的 U_{OHmin}=2.4V，74LS 系列 TTL 电路的 U_{OHmin}=2.7V，CD4000 系列 CMOS 的 U_{IHmin}=3.5V，74HC 系列 CMOS 的 U_{IHmin}=3.15V，显然不满足 $U_{OHmin}\geqslant U_{IHmin}$。最简单的解决方法是，在 TTL 电路的输出端与电源之间接入上拉电阻 R_L，如图 4-13 所示。

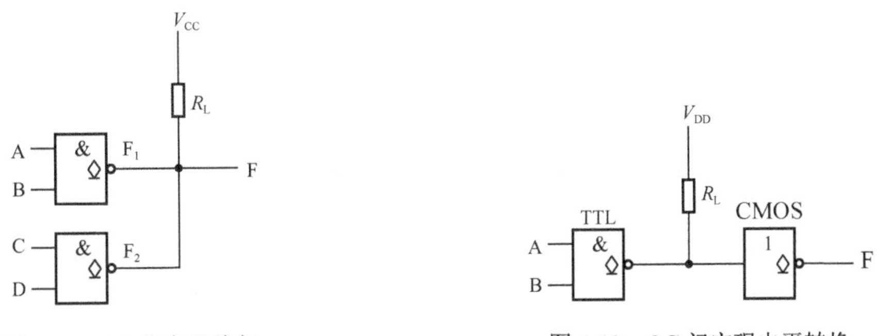

图 4-12　OC 门实现线与　　　　图 4-13　OC 门实现电平转换

（3）实现多路信号采集。使两路以上信息公用一个传输通路，如图 4-14 所示。当 A→BUS 为 1，B→BUS 为 0 时，可以把信号 A 传到输出端 C；当 A→BUS 为 0，B→BUS 为 1 时，可以把信号 B 传到输出端 C。

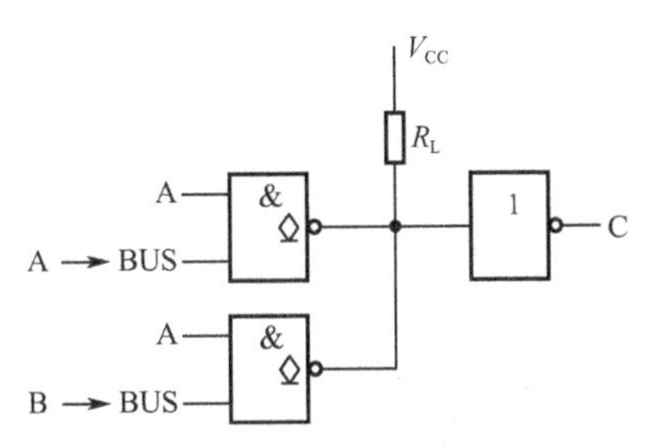

图 4-14　OC 门实现多路信号采集

2. TSL 门

TSL 门除通常的高电平和低电平两种输出状态外，还有第三种输出状态——高阻态。TSL 门处于高阻态时，电路与负载之间相当于开路。

TSL 门的用途之一是实现总线传输。总线传输的方式有两种：一种是单总线方式，电路如图 4-15（a）所示，功能表如表 4-5 所示，可实现信号 A_1、A_2、A_3 向总线 Y 的分时传送；另一种是双总线方式，电路如图 4-15（b）所示，功能表如表 4-6 所示，可实现信号的分时双向传送。在单总线方式下，要求只有需要传输信息的那个 TSL 门的使能端处于有效状态（EN=1），其余各门皆处于禁止状态（EN=0），否则会出现与普通 TTL 门“线与”运用时同样的问题，因而是绝对不允许的。

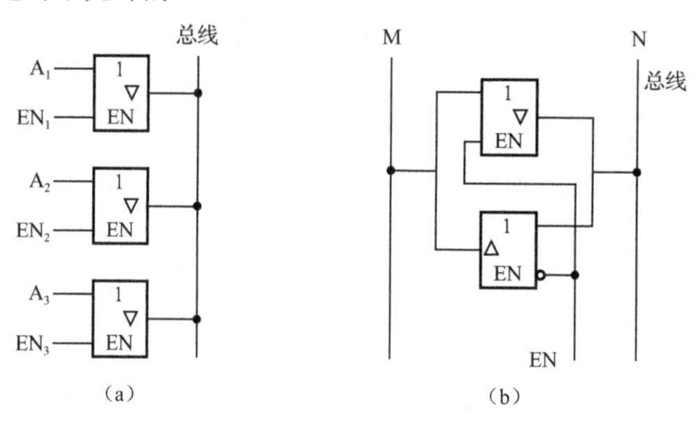

图 4-15　总线传输的两种方式

表 4-5　单总线方式的功能表

使 能 端			输 出 端
EN_1	EN_2	EN_3	Y
1	0	0	A_1
0	1	0	A_2
0	0	1	A_3
0	0	0	高阻

表 4-6　双总线方式的功能表

使 能 端	信号传输方向
EN	
1	M→N
0	N→M

四、实验仪器、设备与器件

1．示波器。

2．函数信号发生器。

3．实验箱。

4．数字万用表。

5．集成电路芯片：7401，7404，74125，74126。

五、实验内容与步骤

1．按基本设计任务与要求设计电路，用 Multisim 14 进行软件仿真，并分析仿真结果。

2．在实验箱上连接所设计的电路，检查实验电路接线无误之后接通电源。

3．测试设计电路的功能。

① 静态验证。使能端和数据输入端加高、低电平，用电压表测量输出高电平、低电平的电压值。

② 动态验证。使能端加高、低电平，数据输入端加连续脉冲信号，用示波器观察数据输入波形和输出波形。

③ 动态验证时，用示波器 DC 耦合方式，测定输出波形的峰-峰值及高、低电平值。

六、实验注意事项

1. 在实验过程中，每次修改电路一定要先断电。严禁带电操作。
2. 每个芯片都应接电源和地。
3. 在实验过程中，多余输入端不允许悬空。

七、实验报告要求

1. 将用示波器观察到的波形画出来。要求输入、输出波形画在同一个相位平面上，比较两者的相位关系。
2. 根据设计任务与要求，写出设计过程并画出逻辑电路图，记录实测结果。
3. 对实验中出现的问题和实验结果进行分析。
4. 写出实验心得体会。

八、预习要求

1. 根据设计任务与要求，画出逻辑电路图，并注明引脚号。
2. 拟订记录测量结果的表格。
3. 完成思考题。

九、思考题

1. 用 OC 门时，是否需要外接其他元器件？如需要，此元器件应如何选取？
2. 几个 OC 门的输出端是否允许连接在一起？
3. 几个 TSL 门的输出端是否允许连接在一起？有无条件限制？应注意什么问题？
4. 如何用示波器来测量波形的高、低电平？

实验4　加法器、译码器及显示电路

一、实验目的

1．了解全加器的逻辑功能。
2．熟悉加法器的使用方法。
3．掌握译码器和LED数码管的使用方法。

二、设计任务与要求

1．基本设计任务与要求

（1）要求用与非门7400和异或门7486设计一个全加器。

（2）用4位加法器74283设计一个实现余3码至8421码的转换电路。

表4-7列出了余3码转换成8421码的真值表。其中A、B、C、D为余3码，W、X、Y、Z为8421码。

（3）在（2）的基础上，再进一步实现译码显示功能。用七段译码器7447和共阳极LED数码管组成译码显示电路。表4-7中，W、X、Y、Z作为译码器的输入，将译码器的输出接至LED数码管上，显示十进制数码。

2．扩展设计任务与要求

（1）在全加器的基础上，设计一个2位二进制加法器/减法器。画出逻辑电路图，列出元器件清单。

（2）设计一个BCD码加法器。注意，在满10时即进位。画出逻辑电路图，列出元器件清单。

三、实验原理

1．全加器

全加器是一种将被加数、加数和来自低位的进位数三者相加的运算器。全加器的真值表见表4-8。

表4-7　余3码转换成8421码的真值表

A	B	C	D	W	X	Y	Z
0	0	1	1	0	0	0	0
0	1	0	0	0	0	0	1
0	1	0	1	0	0	1	0
0	1	1	0	0	0	1	1
0	1	1	1	0	1	0	0
1	0	0	0	0	1	0	1
1	0	0	1	0	1	1	0
1	0	1	0	0	1	1	1
1	0	1	1	1	0	0	0
1	1	0	0	1	0	0	1

表4-8　全加器的真值表

A_i	B_i	C_i	S_i	C_{i+1}
0	0	0	0	0
0	0	1	1	0
0	1	0	1	0
0	1	1	0	1
1	0	0	1	0
1	0	1	0	1
1	1	0	0	1
1	1	1	1	1

逻辑表达式：

$$S_i = A_i \oplus B_i \oplus C_i$$

$$C_{i+1} = (A_i \oplus B_i)C_i + A_iB_i$$

2. 二进制加法器

（1）串行进位并行加法器。利用全加器可构成二进制串行进位并行加法器。构成的4位二进制加法器如图4-16所示。

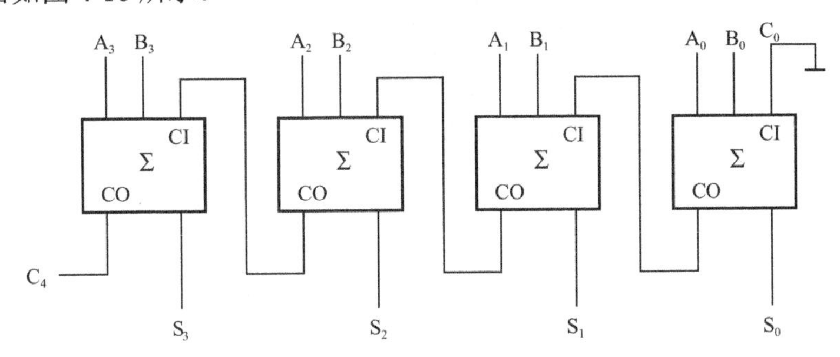

图4-16 4位二进制加法器

（2）超前进位并行加法器。为了进一步提高运算速度，出现了超前进位并行加法器。74283为集成4位超前进位并行加法器。利用超前进位并行加法器可以构成加法器、减法器及代码转换电路。

3. 译码器

译码器可分为两大类，一类是通用译码器，另一类是显示译码器。显示译码器将BCD码译成LED数码管所需要的驱动信号，以便使LED数码管显示出相应的十进制数字。

4. LED数码管

LED数码管分为共阳极、共阴极两种形式。共阳极LED数码管将发光二极管的阳极接在一起作为公共极，当驱动信号为低电平时，阳极必须接高电平，才能够使二极管发光显示；共阴极LED数码管与共阳极相反，它将发光二极管的阴极接在一起作为公共极，当驱动信号为高电平时，阴极必须接低电平，才能够使二极管发光显示。LED数码管的引脚功能图如图4-17所示。

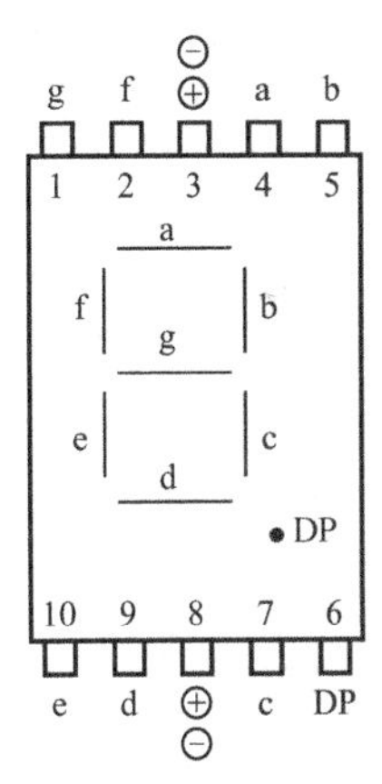

图4-17 LED数码管的引脚功能图

四、实验仪器、设备与器件

1．实验箱。
2．数字万用表。
3．集成电路芯片：74283，7486，7447，7400，7432，7408。
4．共阳极LED数码管。

五、实验内容与步骤

1．按基本设计任务与要求设计电路，用Multisim 14进行软件仿真，并分析仿真结果。

2．在实验箱上连接所设计的电路，检查实验电路接线无误之后再接通电源。

3．测试设计的全加器功能。

4．测试设计的转换电路功能。实验前在逻辑电路图上标出被加数的数值。实验时，通过开关输入余 3 码，观察发光二极管的状态，验证转换结果是否正确。

5．在上一步的基础上，进一步完成译码显示功能。W、X、Y、Z 作为译码器的输入，译码器对其进行译码，LED 数码管显示 0～9 十进制数。画出逻辑电路图，将 LED 数码管显示的十进制数填入表 4-9 中。

表 4-9　实验数据表

A	B	C	D	W	X	Y	Z	十进制数
0	0	1	1	0	0	0	0	
0	1	0	0	0	0	0	1	
0	1	0	1	0	0	1	0	
0	1	1	0	0	0	1	1	
0	1	1	1	0	1	0	0	
1	0	0	0	0	1	0	1	
1	0	0	1	0	1	1	0	
1	0	1	0	0	1	1	1	
1	0	1	1	1	0	0	0	
1	1	0	0	1	0	0	1	

6．按扩展设计任务与要求设计电路，用 Multisim 14 进行软件仿真，并分析仿真结果。在实验箱上连接所设计的电路，并验证其逻辑功能。

六、实验注意事项

1．在实验过程中，每次修改电路一定要先断电。严禁带电操作。

2．每个芯片都应接电源和地。

3．LED 数码管要注意控制端接低电平。

4．在实验过程中，多余输入端不允许悬空。

七、实验报告要求

1．根据实验的要求，设计并画出逻辑电路图，写清楚电路设计过程与完整步骤。

2．对实验中出现的问题和实验结果进行分析。

3．写出实验心得体会。

八、预习要求

1．根据实验的要求，设计并画出逻辑电路图，并注明所用集成电路的引脚号。

2．拟订记录测量结果的表格。

3．完成思考题。

九、思考题

1．用 74283 能否实现将 8421 码转换为余 3 码？

2．用 7448 和共阴极 LED 数码管实现一个译码显示电路。

实验 5　数据选择器和译码器

一、实验目的

1．掌握数据选择器和译码器的功能。

2．学习数据选择器在实际电路中的应用，用数据选择器和逻辑门实现逻辑函数。

3．学习译码器在实际电路中的应用，用译码器和逻辑门实现逻辑函数。

二、设计任务与要求

1．基本设计任务与要求

（1）验证四选一数据选择器 74153 的逻辑功能。

（2）验证 3-8 线译码器 74138 的逻辑功能。

（3）设计一个表决电路。设 A 为主裁判，B、C、D 为副裁判。只有在主裁判同意的前提下，三名副裁判中多数同意，比赛成绩才被承认，否则，比赛成绩不予承认。

① 要求用 74153 实现。列出真值表，画出逻辑电路图。

② 要求用 74138 和与非门 7430 实现，画出逻辑电路图。

2．扩展设计任务与要求

设计一个 4 位奇偶校验电路。要求用 74153 实现，列出真值表，画出逻辑电路图。

三、实验原理

1．数据选择器

数据选择器（MUX）是一种多路输入、单路输出的标准化逻辑器件。其逻辑功能是，在地址选择信号的控制下，从多路数据中选择一路数据作为输出信号。数据选择器的原理图如图 4-18 所示。

74153 是一个四选一数据选择器，其功能表见表 4-10。当使能端 $\overline{E}=\overline{E'}=0$ 时，输出 F 是地址选择输入 A_1、A_0 和数据输入 D_0、D_1、D_2、D_3 的函数，其表达式为：

$$F_1=\overline{A_1}\,\overline{A_0}\,D_0+\overline{A_1}\,A_0\,D_1+A_1\,\overline{A_0}\,D_2+A_1\,A_0\,D_3$$

$$F_2=\overline{A_1}\,\overline{A_0}\,D_0'+\overline{A_1}\,A_0\,D_1'+A_1\,\overline{A_0}\,D_2'+A_1\,A_0\,D_3'$$

将数据选择器的地址选择输入 A_1、A_0 作为函数的输入变量，数据输入 D_0～D_3 作为控制信号，控制各最小项在输出逻辑函数中是否出现，使能端 $\overline{E}$ 始终保持低电平，这样，四选一数据选择器就成为一个二变量的函数产生器。

表 4-10　74153 的功能表

输入端				输出端
地址选择		使能	数据	
A_1	A_0	$\overline{E}$（$\overline{E'}$）	D_i（D_i'）	F_1（F_2）
×	×	1	×（×）	0（0）
0	0	0	$D_0 \sim D_3$（$D_0' \sim D_3'$）	D_0（D_0'）
0	1	0	$D_0 \sim D_3$（$D_0' \sim D_3'$）	D_1（D_1'）
1	0	0	$D_0 \sim D_3$（$D_0' \sim D_3'$）	D_2（D_2'）
1	1	0	$D_0 \sim D_3$（$D_0' \sim D_3'$）	D_3（D_3'）

A1 A0
D0
D1
D2
D3
S
F
E

图 4-18　数据选择器的原理图

2. 译码器

译码器可分为两大类，一类是通用译码器，另一类是显示译码器。74138 是通用译码器，其逻辑图如图 4-19 所示，其功能表见表 4-11。其中 A_2、A_1、A_0 是输入端；$\overline{F_0}$、$\overline{F_1}$、$\overline{F_2}$、$\overline{F_3}$、$\overline{F_4}$、$\overline{F_5}$、$\overline{F_6}$、$\overline{F_7}$ 是输出端，S_1、$\overline{S_2}$、$\overline{S_3}$ 是使能端。只有当 $S_1=1$，$\overline{S_2}=0$，$\overline{S_3}=0$ 时，译码器才能正常译码；否则，译码器不实现译码。

表 4-11　74138 的功能表

使能端		输入端			输出端							
S_1	$\overline{S_2}+\overline{S_3}$	A_2	A_1	A_0	$\overline{F_0}$	$\overline{F_1}$	$\overline{F_2}$	$\overline{F_3}$	$\overline{F_4}$	$\overline{F_5}$	$\overline{F_6}$	$\overline{F_7}$
×	1	×	×	×	1	1	1	1	1	1	1	1
0	×	×	×	×	1	1	1	1	1	1	1	1
1	0	0	0	0	0	1	1	1	1	1	1	1
1	0	0	0	1	1	0	1	1	1	1	1	1
1	0	0	1	0	1	1	0	1	1	1	1	1
1	0	0	1	1	1	1	1	0	1	1	1	1
1	0	1	0	0	1	1	1	1	0	1	1	1
1	0	1	0	1	1	1	1	1	1	0	1	1
1	0	1	1	0	1	1	1	1	1	1	0	1
1	0	1	1	1	1	1	1	1	1	1	1	0

F0 F1 F2 F3 F4 F5 F6 F7
74138
S1 S2 S3 A0 A1 A2

图 4-19　74138 的逻辑图

译码器的每一路输出，实际上是由各代码输入端组成的函数的一个最小项的反函数，利用其中部分输出端的与非关系，也就是它们相应最小项的或逻辑关系式，能方便地实现逻辑函数。

例如，用 74138 实现 $F=\overline{A}\ \overline{B}\ \overline{C}+\overline{A}\ B\ \overline{C}+A\ \overline{B}\ C+A\ B\ \overline{C}+A\ B\ C$。

只要将变量 A、B、C 分别接到输入端 A_2、A_1、A_0 上，将输出端 $\overline{F_0}$、$\overline{F_2}$、$\overline{F_5}$、$\overline{F_6}$、$\overline{F_7}$ 接到与非门的输入端上，则与非门的输出端 F 为：

$$F=\overline{\overline{F_0}\cdot\overline{F_2}\cdot\overline{F_5}\cdot\overline{F_6}\cdot\overline{F_7}}=\overline{F_0}+\overline{F_2}+\overline{F_5}+\overline{F_6}+\overline{F_7}$$
$$=\overline{A}\ \overline{B}\ \overline{C}+\overline{A}\ B\ \overline{C}+A\ \overline{B}\ C+A\ B\ \overline{C}+A\ B\ C$$

此外，这种带使能端的译码器又是一个完整的数据分配器。例如，若从 S_1 使能端输入数据 D，其他使能端$\overline{S_2}=\overline{S_3}=0$，则数据的反码通过 A_2、A_1、A_0 所确定的一路输出线输出。当 $A_2A_1A_0=100$ 时，则数据的反码从$\overline{F_4}$ 端输出，即$\overline{F_4}=\overline{D}$ 。

四、实验仪器、设备与器件

1．实验箱。
2．数字万用表。
3．集成电路芯片：74153，74138，7430，74151。

五、实验内容与步骤

1．按基本设计任务与要求设计电路，用 Multisim 14 进行软件仿真，并分析仿真结果。
2．在实验箱上连接设计的电路，检查实验电路接线无误之后再接通电源。
3．测试所设计的表决电路的功能。
4．用 Multisim 14 对扩展设计任务与要求设计的电路进行仿真，并分析仿真结果。
5．在实验箱上连接设计的电路，并验证其逻辑功能。

六、实验注意事项

1．在实验过程中，每次修改电路一定要先断电。严禁带电操作。
2．裁判表决电路输入变量的状态要统一。

七、实验报告要求

1．根据实验内容要求，写出实验步骤，画出逻辑电路图，标注芯片的引脚号。
2．整理实验记录，并对结果进行分析。
3．写出实验心得体会。

八、预习要求

1．了解数据选择器和译码器的功能。
2．熟悉实验内容。
3．按基本设计任务与要求设计电路，并注明集成电路的引脚号。
4．完成思考题。

九、思考题

1．用四选一数据选择器实现八选一数据选择器的功能。
2．用 3-8 线译码器实现 4-16 线译码器。
3．用四选一数据选择器实现 $F(A,B,C,D)=\sum m(1,5,6,7,9,11)$函数信号发生器。

实验6 触发器及其应用

一、实验目的

1．熟悉触发器的逻辑功能及特性。
2．掌握集成JK触发器、D触发器的应用。
3．熟悉触发器功能互相转换的方法。
4．学习简单时序逻辑电路的分析和检验方法。

二、设计任务与要求

1．基本设计任务与要求

（1）验证D触发器7474的逻辑功能。
（2）验证JK触发器74112的逻辑功能。
（3）用D触发器7474设计一个移位寄存器。
（4）用JK触发器74112设计一个2位二进制加法计数器。

2．扩展设计任务与要求

设计一个流水灯控制逻辑电路。要求：共有8盏灯，始终有1盏灯灭，7盏灯亮，而且那盏灭的灯会循环右移。

三、实验原理

1．触发器

触发器是具有记忆功能的二进制信息存储器件。按逻辑功能分为：RS触发器、D触发器、JK触发器、T触发器和T′触发器。按触发形式分为：上升沿触发、下降沿触发、高电平触发、低电平触发等。

7474是上升沿触发的双D触发器，其引脚图见附录C。7474的功能表见表4-12，D触发器的特性方程为$Q^{n+1}=D$。

表4-12 7474的功能表

输 入 端				输 出 端
$\overline{S_d}$	$\overline{R_d}$	CP	D	Q^{n+1}
0	1	×	×	1
1	0	×	×	0
1	1	↑	1	1
1	1	↑	0	0

74112 是下降沿触发的双 JK 触发器，其引脚图见附录 C。74112 的功能表见表 4-13。JK 触发器的特性方程为 $Q^{n+1}=J\overline{Q^n}+\overline{K}Q^n$。

表 4-13　74112 的功能表

输 入 端					输 出 端
$\overline{S_d}$	$\overline{R_d}$	CP	J	K	Q^{n+1}
0	1	×	×	×	1
1	0	×	×	×	0
1	1	↓	0	0	Q^n
1	1	↓	1	0	1
1	1	↓	0	1	0
1	1	↓	1	1	$\overline{Q^n}$
1	1	1	×	×	Q^n

2. 触发器的功能转换

有时候要用一种类型的触发器代替另一种类型的触发器，这就需要进行触发器的功能转换。触发器的功能转换表见表 4-14。

表 4-14　触发器的功能转换表

原 触 发 器	转 换 成				
	T 触发器	T'触发器	D 触发器	JK 触发器	RS 触发器
D 触发器	$D=T\oplus Q^n$	$D=\overline{Q^n}$		$D=J\overline{Q^n}+\overline{K}Q^n$	$D=S+\overline{R}Q^n$
JK 触发器	J=K=T	J=K=1	J=D，$K=\overline{D}$		J=S，K=R 约束条件：SR=0
RS 触发器	$R=TQ^n$ $S=T\overline{Q^n}$	$R=Q^n$ $S=\overline{Q^n}$	$R=\overline{D}$ S=D	$R=KQ^n$ $S=J\overline{Q^n}$	

3. 触发器的应用

（1）用触发器组成计数器。触发器具有 0 和 1 两种状态，因此用一个触发器就可以表示 1 位二进制数。如果把 *n* 个触发器串起来，就可以表示 *n* 位二进制数。图 4-20 是由 D 触发器组成的 4 位异步二进制加法计数器。

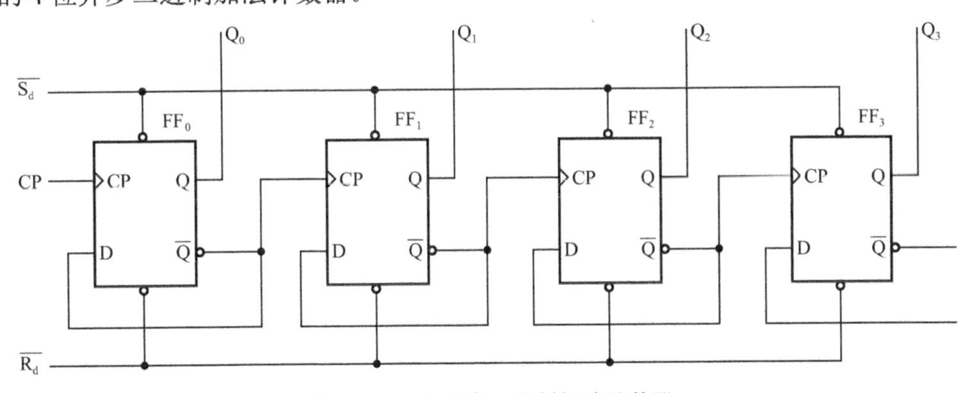

图 4-20　4 位异步二进制加法计数器

（2）用触发器组成移位寄存器。不论哪种触发器都有两个相对独立的状态 1 和 0，而且在触发翻转之后，都能保持原状态，所以可把触发器看作一个能存 1 位二进制数的存储单元。又由于它只是暂时存储信息，故称为寄存器。

以移位寄存器为例，它是一种由触发器链构成的同步时序电路，每个触发器的输出端连接下一级触发器的控制输入端，在时钟脉冲的作用下，将存储在移位寄存器中的信息逐位左移或右移。图 4-21 是一种用 JK 触发器构成的右移移位寄存器。

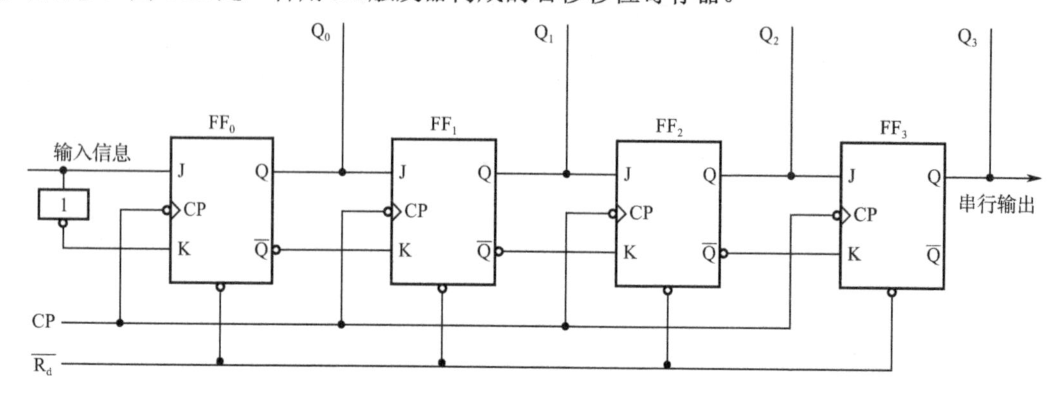

图 4-21　右移移位寄存器

四、实验仪器、设备与器件

1．实验箱。

2．数字万用表。

3．示波器。

4．集成电路芯片：7474，74112，7402，7404，7420。

五、实验内容与步骤

1．验证 7474 的逻辑功能，观察并记录测试结果，把结果填入表 4-15。

表 4-15　实验数据表

输入端				输出端	
$\overline{S_d}$	$\overline{R_d}$	CP	D	Q^{n+1}	$\overline{Q^{n+1}}$
0	1	×	×		
1	0	×	×		
0	0	×	×		
1	1	↑	1		
1	1	↑	0		
1	1	0	×		

2．验证 74112 的逻辑功能，观察并记录测试结果，把结果填入表 4-16。

3．在实验箱上连接由 D 触发器组成的移位寄存器电路，并验证其结果。

表 4-16　实验数据表

输入端					输出端	
$\overline{S_d}$	$\overline{R_d}$	CP	J	K	Q^{n+1}	$\overline{Q^{n+1}}$
0	1	×	×	×		
1	0	×	×	×		
0	0	×	×	×		
1	1	↓	0	0		
1	1	↓	1	0		
1	1	↓	0	1		
1	1	↓	1	1		
1	1	1	×	×		

4．画出由用 JK 触发器组成计数器的逻辑电路图，并在实验箱上连接该电路。输入单脉冲信号，观察输出状态，验证其结果。

5．按扩展设计任务与要求设计电路，画出逻辑电路图。用 Multisim 14 进行软件仿真，并分析仿真结果。在实验箱上连接电路，输入单脉冲信号，观察输出状态；输入连续脉冲信号，用示波器观察输出状态。

六、实验注意事项

1．在实验过程中，每次修改电路一定要先断电。严禁带电操作。

2．注意组合电路和时序电路的区别。

3．单次脉冲前、后两个状态即为原态和次态。

七、实验报告要求

1．写出 D 触发器、JK 触发器的逻辑功能测试结果。

2．画出逻辑电路图，列出需要的元器件清单。

3．整理实验记录，并对结果进行分析。

八、预习要求

1．复习触发器的基本类型及其逻辑功能。

2．按实验内容的要求设计并画出逻辑电路图。

3．分析简单时序逻辑电路。

4．完成思考题。

九、思考题

1．主从 JK 触发器为什么会有一次翻转现象？对主从结构的 JK 触发器使用时应注意什么问题？

2．触发器的功能转换有几种方法？其优缺点各是什么？

3．用一个 4 位二进制加法计数器和一个 74138 译码器设计流水灯控制电路。

实验 7　计数器及其应用

一、实验目的

1．进一步学习译码器的使用方法。
2．掌握二进制计数器和十进制计数器的工作原理与使用方法。
3．掌握任意进制计数器的设计方法。

二、设计任务与要求

1．基本设计任务与要求

（1）设计一个八进制加法计数器。要求用置数法。
（2）设计一个十二进制加法计数器。要求用复位法。
（3）设计一个六十进制加法计数器。要求用译码器显示实验结果。

2．扩展设计任务与要求

（1）设计一个"六十+实验台号"进制的计数器。
（2）设计一个可控计数器，当 C=1 时，是八进制计数器；当 C=0 时，是四进制计数器。

三、实验原理

1．计数器

计数是一种最简单的基本运算。计数器在数字逻辑系统中主要对脉冲的个数进行计数，以实现测量、计数和控制的功能，同时兼有分频功能。

2．计数器分类

计数器按计数进制不同分为二进制计数器、十进制计数器；按计数单元中触发器所接收计数脉冲和翻转顺序不同分为异步计数器、同步计数器；按数的增减分为加法计数器、减法计数器、加/减计数器等。

3．集成计数器

集成计数器的种类很多，74161 是其中的一种，它是 4 位二进制同步加法计数器。74161 的功能见表 4-17。其功能有异步清除、同步预置、计数、锁存等。异步清除：当 $\overline{C_r}=0$ 时，无论有无 CP，计数器立即清零，Q_3～Q_0 均为 0。同步预置：当 $\overline{L_D}=0$ 时，在时钟脉冲上升沿的作用下，$Q_3Q_2Q_1Q_0=D_3D_2D_1D_0$。计数：当 P=T=1 时，计数器计数；锁存：当 P=0，或 T=0 时，计数器禁止计数，保持原来的状态，即锁存。

表 4-17　74161 的功能表

输入端						输出端				说明
CP	$\overline{C_r}$	$\overline{L_D}$	P	T	$D_0\,D_1\,D_2\,D_3$	Q_0	Q_1	Q_2	Q_3	
×	0	×	×	×	××××	0	0	0	0	
↑	1	0	×	×	$D_0\,D_1\,D_2\,D_3$	D_0	D_1	D_2	D_3	清零
×	1	1	×	0	××××	保持				预置数据
×	1	1	0	×	××××	保持				
↑	1	1	1	1	××××	计数				

4．用 74161 实现任意进制的计数器

利用输出信号对输入端的不同反馈，可以实现任意进制的计数器。实现的方法有置数法和复位法。

（1）置数法。方法 1：利用芯片的预置功能，可以实现“16 减 N”进制计数器，其中 N 为预置数。例如，要实现十进制计数器，即 16 减 6，则 N=6，即预置数 $D_3D_2D_1D_0$=0110。计数从 $Q_3Q_2Q_1Q_0$=0110 开始，在 CP 脉冲的作用下，当计数到 $Q_3Q_2Q_1Q_0$=1111 时，进位标志位输出端 Q_{CC}=1，将进位标志位经非门送至 $\overline{L_D}$ 端，则 $\overline{L_D}$=0，计数器为置数状态，其接线图如图 4-22 所示。方法 2：将计数器的输入端全部接地，即 $D_3D_2D_1D_0$=0000，输出端 Q_3 和 Q_0 经与非门送 $\overline{L_D}$ 端。当计数器输出 $Q_3Q_2Q_1Q_0$=1001（十进制数 9）时，$\overline{L_D}$=0，计数器为置数状态，当下一个时钟到来时，计数器的输出 $Q_3Q_2Q_1Q_0$=0000，其接线图如图 4-23 所示。

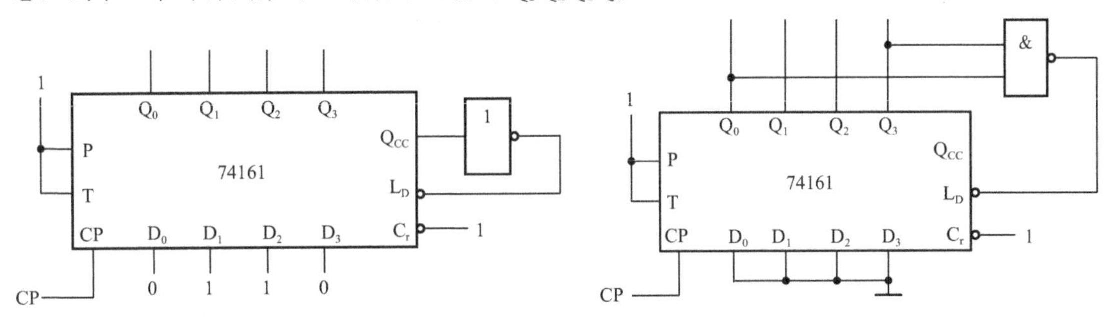

图 4-22　用置数法实现十进制计数器的电路图 1　　　　图 4-23　用置数法实现十进制计数器的电路图 2

（2）复位法。利用芯片的清零端（复位端）实现 N 进制计数器。当计数器计到 N 时，使复位端 $\overline{C_r}$ 为 0，计数器的输出端为零，即 $Q_3Q_2Q_1Q_0$=0000。用复位法实现十进制计数器，当计数器计到 $Q_3Q_2Q_1Q_0$=1010 时，Q_3、Q_1 经与非门送复位端 $\overline{C_r}$，使 $\overline{C_r}$=0，从而计数器从执行计数变为复位状态，其接线图如图 4-24 所示。

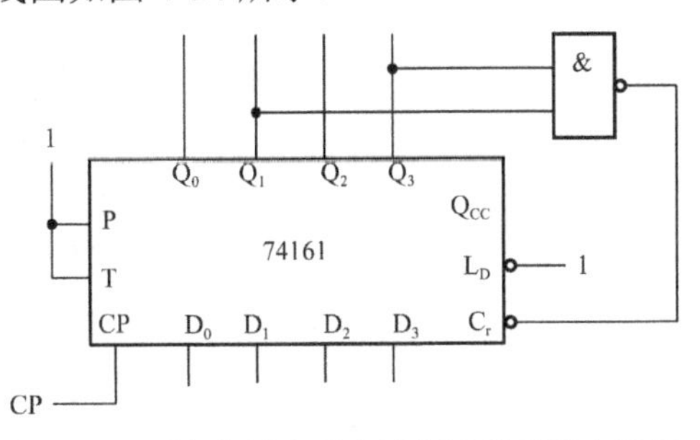

图 4-24　用复位法实现十进制计数器的电路图

前面介绍的是一个计数器工作的情况。在实际应用中，往往需要多个计数器构成多位计数器。这里介绍计数器的级联方法。级联可分为串行进位和并行进位两种，如图4-25所示。串行进位的缺点是速度较慢，并行进位的速度较快。

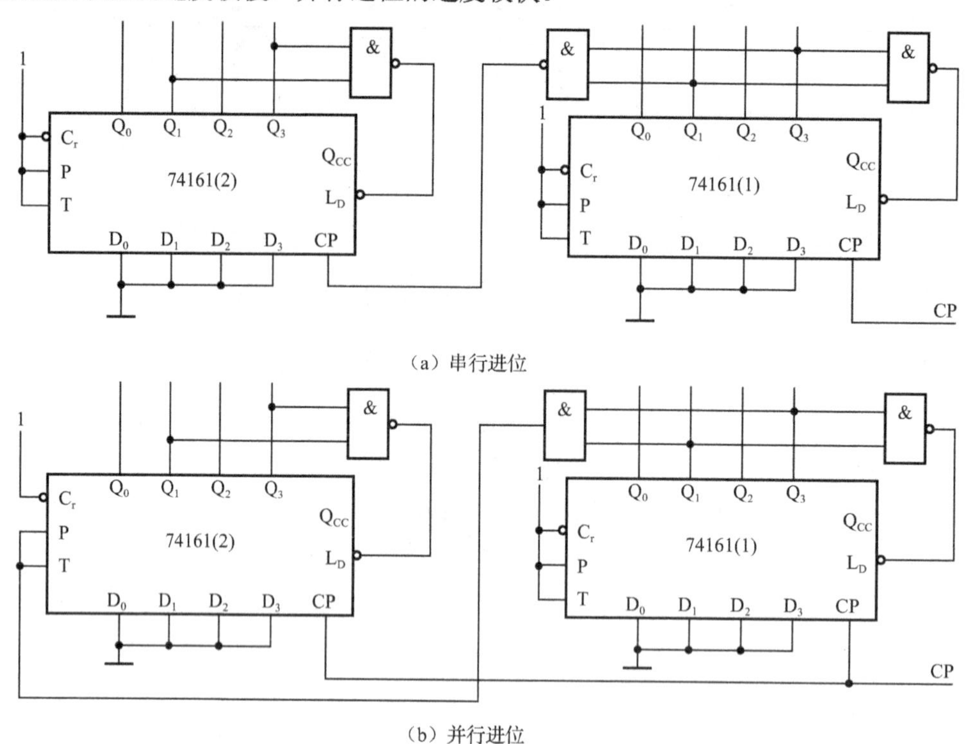

（a）串行进位

（b）并行进位

图4-25　计数器的级联

四、实验仪器、设备与器件

1．实验箱。

2．数字万用表。

3．示波器。

4．集成电路芯片：74161，7408，7400。

五、实验内容与步骤

1．在实验箱上测试八进制加法计数器和译码显示电路的逻辑功能，画出电路原理图。

2．在实验箱上测试十二进制加法计数器和译码显示电路的逻辑功能，画出电路原理图。

3．在实验箱上测试六十进制加法计数器和译码显示电路的逻辑功能，画出电路原理图。

4．按扩展设计任务与要求设计的电路，用 Multisim 14 进行软件仿真，并分析仿真结果。

要求电路在实验箱上完成，计数器从0开始计数。在实验箱上连接电路后，仔细检查接线，确认无误后再接通电源。用单次脉冲信号作为CP，观察输出状态，也可以用固定的时钟脉冲信号。

六、实验注意事项

1．在实验过程中，每次修改电路一定要先断电。严禁带电操作。

2．输入信号要用单次脉冲信号。

3．计数器输出应接到共阴极数码管上。

4．要区分同步置数和异步清零的时序关系。

七、实验报告要求

1．写出实验内容与步骤，画出电路图。

2．记录测得的数据和波形，整理实验记录。

3．分析实验中出现的故障原因，并总结排除故障的收获。

八、预习要求

1．复习计数器的有关内容。

2．熟悉 74161 的功能。

3．根据实验要求画出电路图。

4．完成思考题。

九、思考题

1．计数器对计数脉冲的频率有何要求？怎样估算计数脉冲的最高频率？

2．用示波器观察 CP 和 $Q_3Q_2Q_1Q_0$ 波形时，要想正确地观察波形的时序关系，应选择什么触发方式？如果选用外触发方式，则应选哪个电压作为外触发电压？

3．74161 能否用作寄存器？如何应用？

实验 8　计数器、数值比较器和译码器

一、实验目的

1. 了解数值比较器的功能。
2. 进一步熟悉译码器、计数器的应用。
3. 学习产生脉冲序列的一般方法。

二、设计任务与要求

1. 基本设计任务与要求

（1）验证 4 位数值比较器 7485 的逻辑功能。
（2）用译码器、计数器和逻辑门设计一个脉冲序列发生器。
（3）用数值比较器、计数器和逻辑门设计一个脉冲序列发生器。

2. 扩展设计任务与要求

用 3-8 线译码器 74138 和八选一数据选择器 74151 及逻辑门设计一个比较电路。要求比较两个 4 位二进制数，当两个 4 位二进制数相等时输出为 1，否则为 0。

三、实验原理

1. 数值比较器

4 位数值比较器 7485，其真值表见表 4-18。二进制数值比较器的工作原理为：设有两个 4 位二进制数 $A_3A_2A_1A_0$ 和 $B_3B_2B_1B_0$，比较这两个二进制数的大小要从最高位开始至最低位。

表 4-18　7485 的真值表

比较输入端				级联输入端			输出端		
A_3　B_3	A_2　B_2	A_1　B_1	A_0　B_0	a>b	a=b	a<b	A>B	A=B	A<B
$A_3>B_3$	×　×	×　×	×　×	×	×	×	1	0	0
$A_3<B_3$	×　×	×　×	×　×	×	×	×	0	0	1
$A_3=B_3$	$A_2>B_2$	×　×	×　×	×	×	×	1	0	0
$A_3=B_3$	$A_2<B_2$	×　×	×　×	×	×	×	0	0	1
$A_3=B_3$	$A_2=B_2$	$A_1>B_1$	×　×	×	×	×	1	0	0
$A_3=B_3$	$A_2=B_2$	$A_1<B_1$	×　×	×	×	×	0	0	1
$A_3=B_3$	$A_2=B_2$	$A_1=B_1$	$A_0>B_0$	×	×	×	1	0	0
$A_3=B_3$	$A_2=B_2$	$A_1=B_1$	$A_0<B_0$	×	×	×	0	0	1
$A_3=B_3$	$A_2=B_2$	$A_1=B_1$	$A_0=B_0$	1	0	0	1	0	0
$A_3=B_3$	$A_2=B_2$	$A_1=B_1$	$A_0=B_0$	0	1	0	0	1	0
$A_3=B_3$	$A_2=B_2$	$A_1=B_1$	$A_0=B_0$	0	0	1	0	0	1

数值比较器 7485 除两个 4 位二进制数的输入端外，还有级联输入端（a<b、a>b、a=b）可以多个芯片同时使用，扩展成多位数值比较器，其中高位芯片的级联输入端分别与低位芯片的输出端（A<B、A>B、A=B）连接。低 4 位芯片的级联输入端与单个芯片使用时相同，即 a=b 端接高电平，而 a<b 和 a>b 端接低电平。

2．脉冲序列发生器

脉冲序列发生器能够产生一组在时间上有先后顺序的脉冲序列，利用这组脉冲可以形成所需的各种控制信号。

通常，脉冲序列发生器由译码器和计数器构成。

（1）用 74161 和 74138 及逻辑门产生脉冲序列。将 74161 接成十二进制计数器，然后接入译码器 74138。电路如图 4-26 所示。

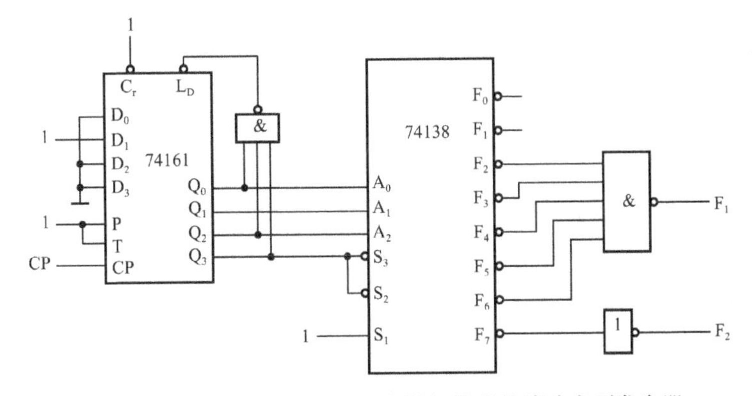

图 4-26　用 74161 和 74138 及逻辑门构成的脉冲序列发生器

（2）用 74161 和 7485 及逻辑门产生脉冲序列。将 74161 构成十二进制计数器，然后接入数值比较器 7485。电路如图 4-27 所示。

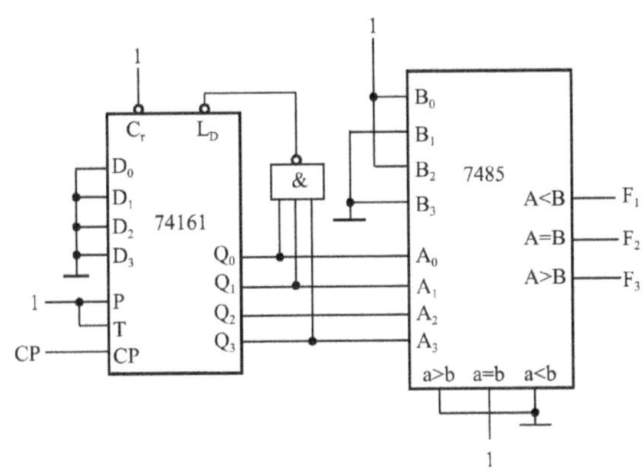

图 4-27　用 74161 和 7485 及逻辑门构成的脉冲序列发生器

四、实验仪器、设备与器件

1．实验箱。

2．数字万用表。

3．示波器。

4．集成电路芯片：7485，74161，74138，7430，7410。

五、实验内容与步骤

1. 基本内容

（1）验证4位数值比较器7485的逻辑功能，观察并记录测试结果。

（2）用译码器、计数器和逻辑门设计脉冲序列发生器，用Multisim 14进行软件仿真，并分析仿真结果。

（3）用数值比较器、计数器和逻辑门设计脉冲序列发生器，用Multisim 14进行软件仿真，并分析仿真结果。

（4）在实验箱上连接电路，检查实验电路接线无误之后再接通电源。

（5）加入时钟脉冲信号，观察输出状态，画出输出波形。对观察到的输出状态进行分析，若正确，则进入下一步；否则，重新检查，再做基本内容（1）、（2）。

2. 扩展内容

按扩展设计任务与要求设计电路，画出逻辑电路图。将所设计的电路，用Multisim 14进行软件仿真，并分析仿真结果。

在实验箱上连接电路，检查实验电路接线无误之后再接通电源。加入单脉冲信号，观察输出状态，对观察到的输出状态进行分析，若正确，则结束；否则，重新检查，再做实验，直至正确。

六、实验注意事项

1. 在实验过程中，每次修改电路一定要先断电。严禁带电操作。
2. 每个芯片都应接电源和地。
3. 开关的高、低电平不能用作电源和地线。

七、实验报告要求

1. 写出4位数值比较器7485的逻辑功能测试结果。
2. 画出逻辑电路图，列出元器件清单。
3. 整理实验记录，并对结果进行分析。

八、预习要求

1. 复习译码器的功能和使用方法。
2. 复习数值比较器的功能和使用方法。
3. 预习产生脉冲序列的一般方法。
4. 按实验内容的要求设计并画出逻辑电路图。
5. 完成思考题。

九、思考题

1. 产生脉冲序列的一般方法有哪些？

2. 试用74161和逻辑门设计一个脉冲序列产生电路。要求电路的输出端F在时钟脉冲信号CP的作用下，能周期性地输出10101000011001。

实验 9　控制器和寄存器

一、实验目的

1. 熟悉移位寄存器的功能。
2. 掌握移位寄存器的工作原理及其应用。
3. 掌握用计数器、译码器和逻辑门构成控制器的方法。

二、设计任务与要求

1. 基本设计任务与要求

（1）验证可逆计数器 74190 的逻辑功能。
（2）验证 4 位双向移位器寄存器 74194 的逻辑功能。
（3）用 74190 设计一个十进制减法计数器。
（4）用 74190、74161、74138 及与非门设计一个控制器。

2. 扩展设计任务与要求

（1）用 74190 构成 4 位十进制减法计数器，实现 0000～9999 计数。
（2）用 74194 组成脉冲分配器。

三、实验原理

1. 移位器寄存器

（1）移位器寄存器。74194 是 4 位双向移位器寄存器，最高时钟频率为 36MHz。74194 具有并行输入/串行输入、并行输出、左移和右移等功能，其功能表见表 4-19。

表 4-19　74194 的功能表

输入端											输出端				功能
$\overline{R_d}$	S_1	S_0	CP	SL	SR	A	B	C	D		Q_A	Q_B	Q_C	Q_D	
0	×	×	×	×	×	×	×	×	×		0	0	0	0	清零
1	×	×	0	×	×	×	×	×	×		Q_{An}	Q_{Bn}	Q_{Cn}	Q_{Dn}	保持
1	1	1	↑	×	×	a	b	c	d		a	b	c	d	送数
1	0	1	↑	×	1	×	×	×	×		1	Q_{An}	Q_{Bn}	Q_{Cn}	右移
1	0	1	↑	×	0	×	×	×	×		0	Q_{An}	Q_{Bn}	Q_{Cn}	右移
1	1	0	↑	1	×	×	×	×	×		Q_{Bn}	Q_{Cn}	Q_{Dn}	1	左移
1	1	0	↑	0	×	×	×	×	×		Q_{Bn}	Q_{Cn}	Q_{Dn}	0	左移
1	0	0	×	×	×	×	×	×	×		Q_{An}	Q_{Bn}	Q_{Cn}	Q_{Dn}	保持

（2）并行-串行数据转换电路。用 74194 组成的 8 位并行-串行数据转换电路如图 4-28 所示，并行输入数据为 $0N_1N_2N_3N_4N_5N_6N_7$。当启动命令 ST=0 时，S_1S_0=11，输入数据送入寄存

器，即 1 号芯片的输出为 $Q_AQ_BQ_CQ_D = 0N_1N_2N_3$，2 号芯片的输出为 $Q_AQ_BQ_CQ_D = N_4N_5N_6N_7$，故与非门 G_2 的输出为 1。当启动命令 ST 由 0 变 1 之后，$S_1\ S_0 = 01$，移位器寄存器中的数据右移，串行输出端输出数据。同时，由于 1 号芯片的右移输入端 SR=1，在 7 个 CP 之后，除 2 号芯片的 Q_D 端外，两个芯片的输出端均为 1，使与非门 G_2 的输出端为 0。这时 $S_1\ S_0 = 11$，为下一次送入数据做好准备。

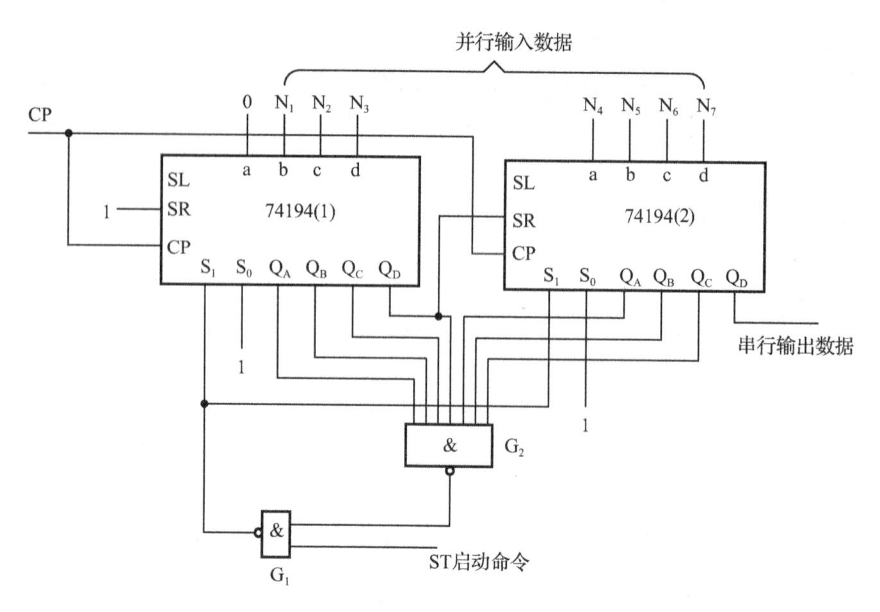

图 4-28　8 位并行-串行数据转换电路

2．可逆计数器

可逆计数器 74190 是同步十进制可逆计数器，它通过“加/减”控制端来实现加法计数和减法计数。

74190 的功能如下。

（1）预置数。只要在置入端加入负脉冲，就可以置数，即 $Q_3Q_2Q_1Q_0 = D_3D_2D_1D_0$。

（2）加法计数和减法计数。当“加/减”控制端为低电平时，实现加法计数；当“加/减”控制端为高电平时，实现减法计数。

（3）保持。当允许端为低电平时，开始计数；允许端为高电平时，芯片处于保持状态。

3．控制电路

用可逆计数器 74190、加法计数器 74161、译码器 74138、移位寄存器 74194 及逻辑门组成的控制电路如图 4-29 所示。其中，用六进制加法计数器（74161）和十进制减法计数器（74190）构成六十进制计数器，通过译码器 74138 及与非门得到控制信号，用于控制寄存器 74194 的工作状态，再通过输出端的发光二极管展示光点的移动。

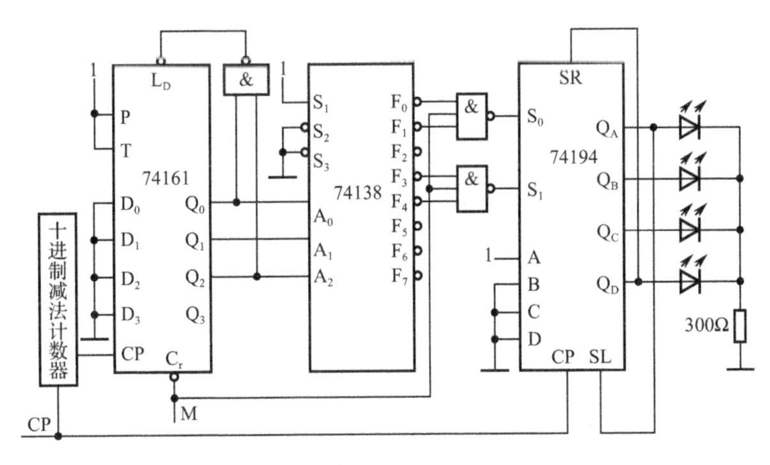

图 4-29　控制电路

四、实验仪器、设备与器件

1．实验箱。

2．示波器。

3．智能函数信号发生器。

4．集成电路芯片：74190，74161，74138，7400，7410，74194。

五、实验内容与步骤

1．基本内容

（1）将 74190 接成十进制减法计数器

将 74190 的“加/减”控制端接高电平，使其为减法计数。置入端加高电平，允许端加低电平，加时钟脉冲信号，使 74190 开始工作。用示波器观察输出状态，若实现了减法计数，则进入下一步。

（2）将 74161 接成六进制加法计数器

检查是否构成了六进制加法计数器，并观察输出状态。若实现了六进制加法计数，则进入下一步。

（3）用 74190、74161、74138 及与非门构成控制电路

观察控制电路产生的输出信号 S_1、S_0 的状态是否符合要求。若符合要求，则进入下一步。

（4）用 74194 模拟电动机运转

将 74194 的输出端接发光二极管，如图 4-29 所示。要求能控制光点的右移、左移、停止：光点右移表示电动机正转，光点左移表示电动机反转，光点不移表示电动机停止。电动机运转的规律是：正转 20s—停 10s—反转 20s，循环下去。观察是否已成功模拟电动机运转，若达到要求，则结束；否则，查找原因，进一步调试，直到达到要求为止。

2．扩展内容

（1）用 74190 构成 4 位十进制减法计数器，实现 0000～9999 计数。

（2）用 74194 组成脉冲分配器。

六、实验注意事项

1．在实验过程中，每次修改电路一定要先断电。严禁带电操作。
2．每个芯片都应接电源和地。
3．开关的高、低电平不能用作电源和地线。

七、实验报告要求

1．分析如图 4-29 所示电路的工作原理，将分析结果填入表 4-20。
2．写出实验内容与步骤，画出逻辑电路图。
3．记录测得的数据和波形，整理实验记录。
4．分析实验中出现的故障原因，并总结排除故障的收获。

表 4-20　实验数据表

CP	M	Q_2	Q_1	Q_0	S_1	S_0	Q_A	Q_B	Q_C	Q_D
↑	0									
↑	1									
↑	1									
↑	1									
↑	1									
↑	1									
↑	1									

八、预习要求

1．了解移位寄存器 74194、可逆计数器 74190 的逻辑功能。
2．自拟实验步骤和电路。
3．完成思考题。

九、思考题

移位寄存器有哪些应用？

实验 10　多谐振荡器及单稳态触发器

一、实验目的

1. 熟悉集成 555 定时器的结构、工作原理及特点。
2. 掌握集成 555 定时器的基本应用。
3. 学会用示波器测量脉冲幅值、周期和脉宽的方法。

二、设计任务与要求

1. 基本设计任务与要求

（1）用 555 定时器设计一个振荡频率为 50Hz，占空比为 2/3 的多谐振荡器。
（2）用 555 定时器设计一个单稳态触发器。

2. 扩展设计任务与要求

设计一个占空比连续可调并能调节振荡频率的多谐振荡器。

三、实验原理

1. 555 定时器

555 定时器是一种数字、模拟混合型的中规模集成电路，它能够产生时间延迟和多种脉冲信号。555 定时器有双极型和单极型两种：555 表示双极型，7555 表示单极型。不论哪种结构，它们的引脚排列完全相同。双极型 555 定时器的电源电压范围为 4.5～15V，单极型 555 定时器的电源电压范围为 2～18V。其功能见表 4-21。

表 4-21　555 定时器的功能表

TH	TL	$\overline{R}$	OUT	VT
×	×	0	0	导通
$>\frac{2}{3}V_{CC}$	×	1	0	导通
$<\frac{2}{3}V_{CC}$	$>\frac{1}{3}V_{CC}$	1	不变	不变
$<\frac{2}{3}V_{CC}$	$<\frac{1}{3}V_{CC}$	1	1	截止

2. 555 定时器的应用

（1）多谐振荡器

用 555 定时器构成多谐振荡器，如图 4-30（a）所示。利用电源通过电阻 R_1、R_2 向电容 C 充电，以及电容 C 通过电阻 R_2 向 555 定时器的放电端放电，使电路产生振荡。其波形如图 4-30（b）所示。振荡周期 $T\approx 0.7(R_1+2R_2)C$，振荡频率 $f=\frac{1}{T}$，占空比 $q=\frac{R_1+R_2}{R_1+2R_2}$。

要求电阻 R_1、R_2 均应大于或等于 1kΩ，而 R_1 与 R_2 之和应小于或等于 3.3MΩ。

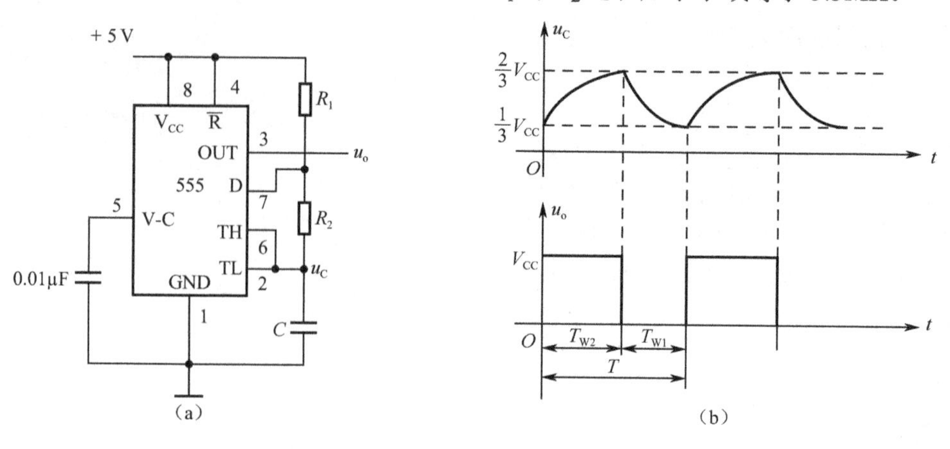

图 4-30　用 555 定时器构成多谐振荡器及其波形

（2）单稳态触发器

用 555 定时器构成单稳态触发器，如图 4-31（a）所示。稳态时，555 定时器输入端为高电平，输出端为低电平；当有一个负脉冲信号输入时，且负脉冲信号的值小于 $\frac{1}{3}V_{CC}$，电路进入暂态，输出端变为高电平。此时，电源通过 R 给 C 充电，当 C 上的电压达到 $\frac{2}{3}V_{CC}$ 时，输出端又变为低电平。其波形如图 4-31（b）所示。输出脉冲宽度 T_W=1.1RC。

R_T、C_T 为输入微分电路，其作用是当 u_i 负脉冲信号宽度大于输出正脉冲信号的宽度时，则需将 u_i 通过 R_T、C_T 为输入微分电路经非门倒相的负脉冲信号送至 2 脚。

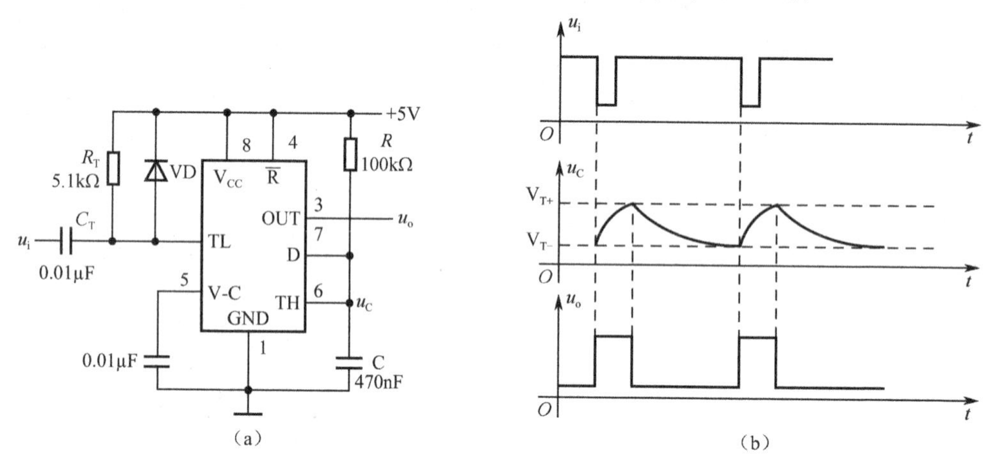

图 4-31　用 555 定时器构成单稳态触发器及其波形

四、实验仪器、设备与器件

1．实验箱。
2．示波器。
3．集成电路芯片：555 定时器，7404。
4．电位器：5.1kΩ，20kΩ，100kΩ。

5．电容：0.01μF，0.1μF，1μF，470nF。

6．电阻：10kΩ，1kΩ，5.1kΩ，100kΩ。

五、实验内容与步骤

1．基本内容

（1）用 555 定时器设计一个振荡频率为 50Hz，占空比为 2/3 的多谐振荡器

画出所设计的电路，并用 Multisim 14 进行软件仿真，并分析仿真结果。（已知两个电容的值分别是 0.01μF 和 1μF，试确定电阻 R_1、R_2 的值。）

用示波器测得输出波形，验证周期，标出幅值。改变电阻值，其他参数不变，重测上述值。

（2）用 555 定时器设计一个单稳态触发器

输入 u_i 是频率为 500Hz 左右的方波，输出脉冲的宽度为 0.5ms 的脉冲信号。改变 R、C，其他参数不变，重测输出脉冲的宽度。

2．扩展内容

用 555 定时器设计一个脉冲产生电路。要求电路振荡 20s，停 10s，如此循环下去。该电路输出脉冲信号的振荡周期为 1s，占空比为 1/2，电容均为 10μF。

画出所设计的电路，并用 Multisim 14 进行软件仿真，并分析仿真结果。

六、实验注意事项

1．在实验过程中，每次修改电路一定要先断电。严禁带电操作。

2．注意 555 定时器的模拟地和数字地的问题。

七、实验报告要求

1．整理实验数据，画出实验中测得的波形图。

2．对实验结果进行讨论。

3．总结 555 定时器的基本应用及使用方法。

八、预习要求

1．了解多谐振荡器、单稳态触发器的构成。

2．熟悉 555 定时器的引脚及其功能。

3．熟悉 555 定时器的应用。

4．完成思考题。

九、思考题

1. 用 555 定时器构成的多谐振荡器，其振荡周期和占空比的改变与哪些因素有关？若只需改变周期，而不改变占空比，应调整哪个元件参数？

2．用 555 定时器构成的单稳态触发器，其输出脉宽和周期由什么决定？

3．能否用 555 定时器构成占空比小于 1/3 的多谐振荡器？

4．能否用 555 定时器构成占空比和振荡频率均可调的多谐振荡器？

实验 11　随机存储器

一、实验目的

1．掌握随机存储器的工作原理与使用方法。

2．了解随机存储器存储和读取数据的方式。

3．加深总线概念的理解。

二、实验原理

1．随机存储器

RAM2114 是一种静态随机存储器，其容量为 1k×4 位。A_0～A_9 是 RAM 的地址线，I/O_1～I/O_4 是 RAM 的数据线。$\overline{CS}$ 为 RAM 的片选控制端，当 $\overline{CS}$ 为低电平时，RAM 被选中，可以进行读写操作；反之，$\overline{CS}$ 为高电平，RAM 未被选中。$R/\overline{W}$ 为 RAM 的读写控制端，当 $\overline{CS}$=0，$R/\overline{W}$=1 时，RAM 进行读操作；当 $\overline{CS}$=0，$R/\overline{W}$=0 时，RAM 进行写操作。

RAM2114 的引脚图如图 4-32 所示，各引脚功能见表 4-22。

RAM 的位扩展：如果一个 RAM 的字数满足要求，而位数不够，应采用位扩展。只要将多个 RAM 并接起来，便可实现位扩展，遵循的原则是：

（1）RAM 的 I/O 端并行连接，作为 RAM 的 I/O 端；

（2）RAM 的 $\overline{CS}$ 端接在一起，作为 RAM 的片选控制端 $\overline{CS}$；

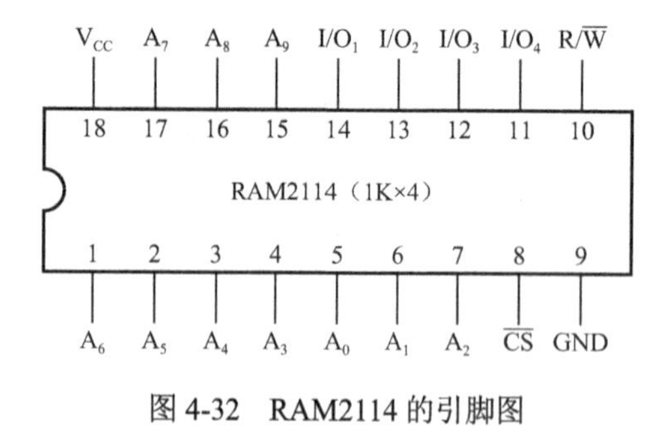

图 4-32　RAM2114 的引脚图

表 4-22　RAM2114 的功能表

引　脚　名	功　　能
A_0～A_9	地址输入端
$R/\overline{W}$	读写选通
$\overline{CS}$	片选择
I/O_1～I/O_4	数据输入/输出
V_{CC}	+5V

（3）RAM 的地址端对应接在一起，作为 RAM 的地址输入端；

（4）RAM 的 $R/\overline{W}$ 端接在一起，作为 RAM 的读写控制端 $R/\overline{W}$。

RAM 的字扩展：如果一个 RAM 的位数满足要求，而字数不够时，应采用字扩展。字数增加了，地址线数也需要相应增加，遵循的原则是：

（1）RAM 的 I/O 端对应接在一起，作为 RAM 的 I/O 端；

（2）RAM 构成字扩展后，每次访问只能选中其中的一个，具体选中哪一个，由字扩展后多出的地址线来决定；

（3）RAM 的地址端对应接在一起，作为 RAM 的低位地址输入端；

（4）RAM 的 $R/\overline{W}$ 端接在一起，作为 RAM 的读写控制端 $R/\overline{W}$。

2. 随机存储器的应用

RAM2114 的应用电路如图 4-33 所示。其中 SW_7～SW_0 为逻辑开关量，以产生地址和数据；74273 为八 D 触发器构成的地址寄存器，为 RAM 提供地址 A_7～A_0；74244 为八缓冲器。$\overline{CS}$、WE、LDAR、$\overline{SW\rightarrow BUS}$ 为电位控制信号，可以接逻辑开关模拟控制信号的电平。T 为时序信号，即脉冲信号。

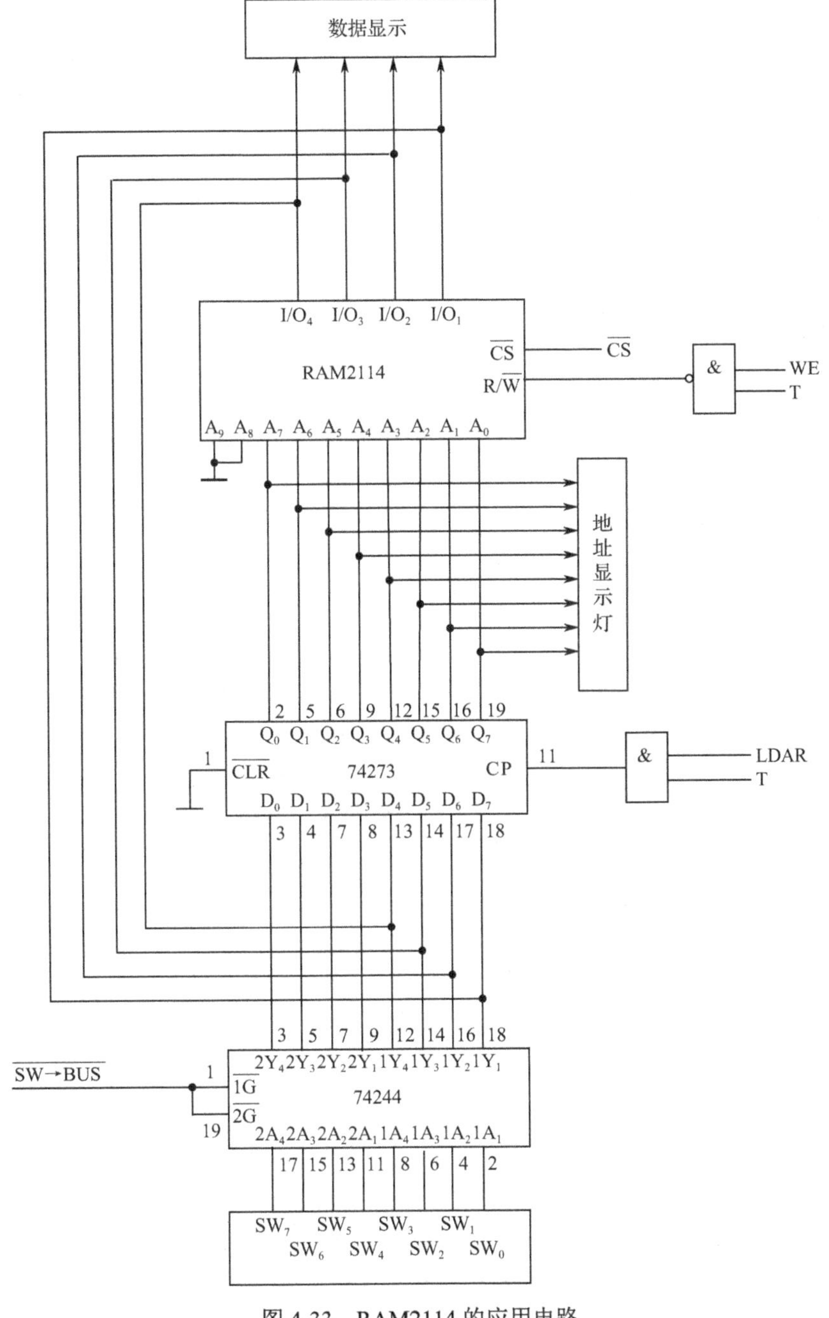

图 4-33　RAM2114 的应用电路

当 $\overline{SW\rightarrow BUS}$ 为低电平时，SW_7～SW_0 产生的地址信号送到总线上（地址寄存器的输入端）；当 LDAR 为高电平，$\overline{CS}$ 为低电平，WE 为高电平，T 信号上升沿到来时，SW_7～SW_0

产生的地址信号打入地址寄存器；RAM 的数据也由 SW_7～SW_0 产生，当 $\overline{CS}$ 为低电平，WE 为高电平，在下一个 T 信号上升沿到来时，数据写入 RAM。

当 $\overline{SW \rightarrow BUS}$ 为高电平时，$\overline{CS}$ 为低电平，WE 为低电平，从 RAM 中读出数据。

三、实验仪器、设备与器件

1．实验箱。

2．示波器。

3．数字万用表。

4．逻辑电平测试笔。

5．集成电路芯片：RAM2114，74273，74244，7400，7408。

6．发光二极管。

四、实验内容与步骤

1．基本内容

（1）连接电路

先按图 4-33 连接 RAM2114、74273、74244、7400 及 7408 等芯片后，将 SW_7～SW_0、$\overline{SW \rightarrow BUS}$、LDAR、$\overline{CS}$、WE 分别接到开关 K_0～K_{11} 上，再将 A_7～A_0 分别接到发光二极管 L_0～L_7 上，最后，将 T 接单脉冲信号。

（2）用单步方法执行 RAM 读写操作

① 将 SW_7～SW_0 按表 4-23 置为 00H（地址信号），K_8 置为 0，K_9 置为 1，K_{10} 置为 0，K_{11} 置为 1，按下单脉冲信号按钮，把地址信号送入地址寄存器（RAM 的地址）。

② 将 SW_7～SW_0 按表 4-23 置为 00H（数据信号），K_8 置为 0，K_9 置为 0，K_{10} 置为 0，K_{11} 置为 1，按下单脉冲信号按钮，把数据信号送入 RAM。

③ 重复①、②，完成对地址 01H、02H、03H 写入数据的操作。

④ 将 SW_7～SW_0 置为 00H（地址信号），K_8 置为 0，K_9 置为 1，K_{10} 置为 0，K_{11} 置为 1，按下单脉冲信号按钮，把地址信号送入地址寄存器（RAM 的地址）。

⑤ 将 K_8 置为 1，K_9 置为 0，K_{10} 置为 0，K_{11} 置为 0，按下单脉冲信号按钮，读出 RAM 中地址为 00H 的数据。

⑥ 重复上面④、⑤，完成对地址 01H、02H、03H 读出数据的操作。

表 4-23　实验数据表

K_0～K_7	K_8	K_9	K_{10}	K_{11}	T	L_0～L_7	备　注
SW_7～SW_0	$\overline{SW \rightarrow BUS}$	LDAR	$\overline{CS}$	WE		A_7～A_0	
00H	0	1	1	1	↑		
00H	0	0	0	1	↑		
01H	0	1	1	1	↑		
55H	0	0	0	1	↑		
02H	0	1	1	1	↑		
AAH	0	0	0	1	↑		

续表

K_0～K_7	K_8	K_9	K_{10}	K_{11}	T	L_0～L_7	备　注
SW_7～SW_0	$\overline{SW \to BUS}$	LDAR	$\overline{CS}$	WE		A_7～A_0	
03H	0	1	1	1	↑		
FFH	0	0	0	1	↑		
00H	0	1	1	1	↑		
XXH	1	0	0	0	↑		
01H	0	1	1	1	↑		
XXH	1	0	0	0	↑		
02H	0	1	1	1	↑		
XX	1	0	0	0	↑		
03H	0	1	1	1	↑		
XX	1	0	0	0	↑		

2．扩展内容

将存储器的地址改为52H，进行存储器写操作和读操作。

五、实验报告要求

1．指出74273、74244和RAM2114在电路中的作用。
2．分析电路的工作过程。
3．列出存入的数据与地址码。
4．叙述读写操作步骤。

六、预习要求

1．了解随机存储器的基本工作原理及引脚的功能。
2．熟悉74273、74244的功能和使用方法。
3．熟悉实验原理及内容。
4．完成思考题。

七、思考题

1．RAM2114有10个地址输入端，实验时仅用了其中一部分，不用的地址输入端应如何处理？

2．扩充存储器容量，如何确定芯片的个数？如何连接？

实验 12　D/A 与 A/D 转换器

一、实验目的

1．了解 D/A 与 A/D 转换器的基本工作原理和基本结构。

2．熟悉大规模集成 D/A 和 A/D 转换器的功能及其典型应用。

二、设计任务与要求

1．基本设计任务与要求

（1）D/A 转换器 DAC0832 的功能测试。

（2）A/D 转换器 ADC0801 的功能测试。

2．扩展设计任务与要求

用 ICL7107 实现 A/D 转换。

三、实验原理

在数字电子技术的很多应用场合往往需要把模拟量转换为数字量，称为模数转换（简称 A/D 转换），完成 A/D 转换的电路称为 A/D 转换器（简称 ADC）；还需要把数字量转换成模拟量，称为数模转换（简称 D/A 转换），完成 D/A 转换的电路称为 D/A 转换器（简称 DAC）。完成这种转换的线路有多种，特别是大规模集成 A/D、D/A 转换器的问世，为实现上述的转换提供了极大的方便。

本实验将采用 D/A 转换器 DAC0832 实现 D/A 转换，A/D 转换器 ADC0801 实现 A/D 转换。

1．DAC0832

DAC0832 是采用 CMOS 工艺制成的单片电流输出型 8 位 D/A 转换器。其基本参数为，单电源供电（电压为 5～15V），参考电压范围在−10V～+10V 之间，功耗为 20mW，转换时间为 1μs。图 4-34 是 DAC0832 的结构框图及引脚图。

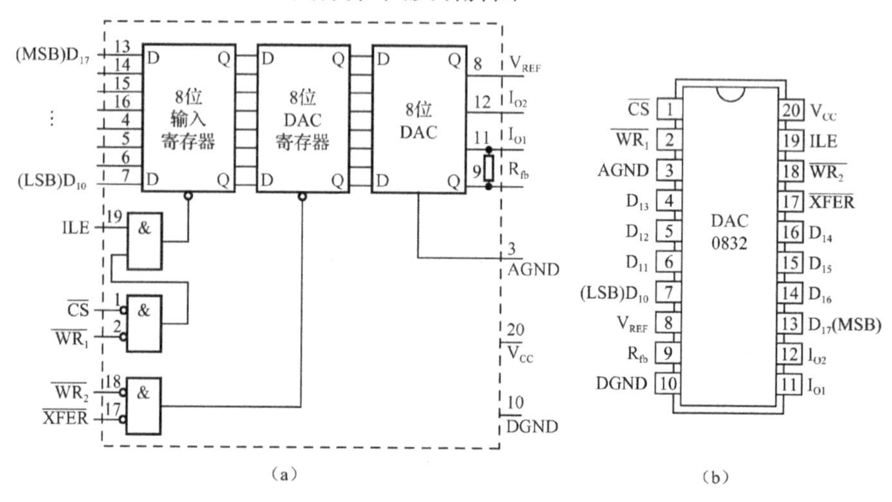

图 4-34　DAC0832 的结构框图及引脚图

DAC0832 的输出是电流，要转换为电压，还必须经过一个外接的运算放大器，电路如图 4-35 所示。

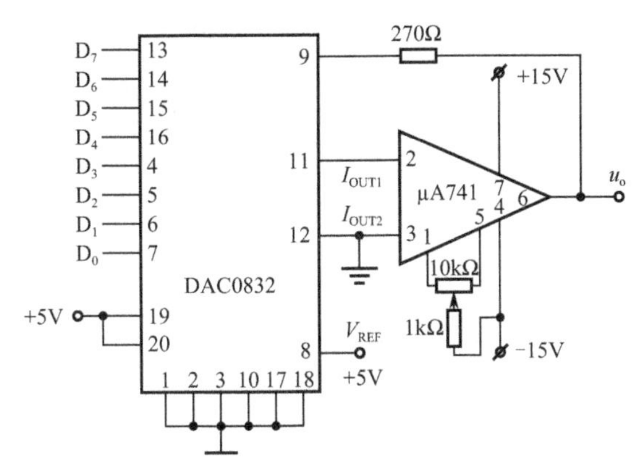

图 4-35　DAC0832 的电压输出电路

2．ADC0801

ADC0801 是采用 CMOS 工艺制成的单片逐次渐近型 8 位 A/D 转换器，其结构框图及引脚图如图 4-36 所示。它有两个模拟电压输入端，电压范围为 0～±5V，输入信号也可以采用双端输入方式。

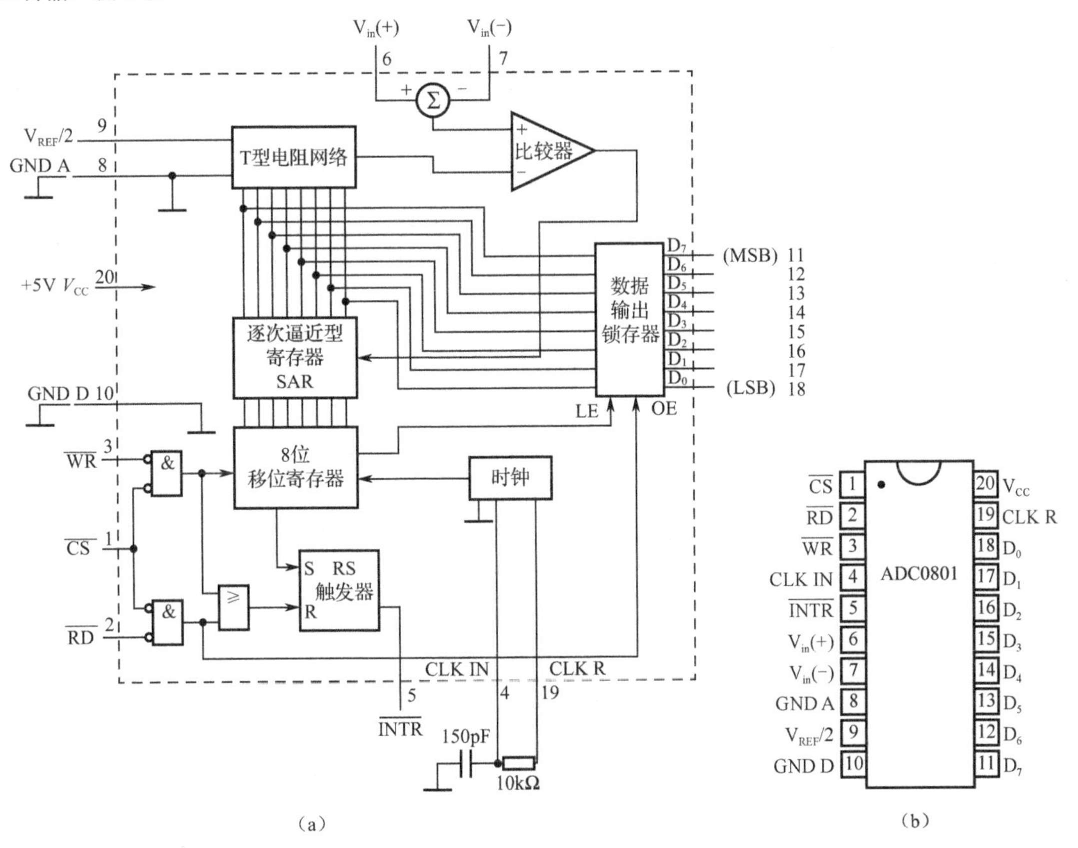

图 4-36　ADC0801 的结构框图及引脚图

逐次逼近型 A/D 转换器的特点是：

（1）完成一次 A/D 转换所需的时间等于 $n+2$ 个时钟周期，n 为 A/D 转换器的位数。

（2）转换精度主要取决于比较器的灵敏度及 A/D 转换器中 DAC 的精度。

（3）输入电压的最大值不仅与 A/D 转换器的位数有关，而且还与 DAC 的电路及参考电压有关。

3．运算放大器

运算放大器 μA741 是一种单片高性能内补偿运算放大器，具有较宽的共模电压范围，在使用中不会出现闩锁现象，可用作积分器、求和放大器及普通反馈放大器。

四、实验仪器、设备与器件

1．实验箱。

2．数字万用表。

3．集成电路芯片：DAC0832，ADC0801，μA741，7417。

4．电位器：10kΩ。

5．发光二极管。

6．电阻：1kΩ，270Ω。

五、实验内容与步骤

1．D/A 转换

主要步骤如下。

① 按图 4-35 接线，电路接成直通方式，即 $\overline{CS}$、$\overline{WR_1}$、$\overline{WR_2}$、$\overline{XFER}$ 接地；ILE、V_{CC}、V_{REF} 接 +5V 电源；运算放大器电源接 ±15V；D_0～D_7 接逻辑开关的输出插口，电压输出端接直流数字电压表。

② 调零，将 D_0～D_7 全部置零，调节电位器使 μA741 输出为零。

③ 按表 4-24 所列的输入数字量，用数字电压表测量运放的输出模拟量 u_o，将测量结果填入表 4-24 中，并与理论值进行比较。

表 4-24　实验数据表

输入数字量								输出模拟量 u_o/V
D_7	D_6	D_5	D_4	D_3	D_2	D_1	D_0	V_{CC}=+5V
0	0	0	0	0	0	0	0	
0	0	0	0	0	0	0	1	
0	0	0	0	0	0	1	0	
0	0	0	0	0	1	0	0	
0	0	0	0	1	0	0	0	
0	0	0	1	0	0	0	0	
0	0	1	0	0	0	0	0	
0	1	0	0	0	0	0	0	

续表

输入数字量								输出模拟量 u_o/V
1	0	0	0	0	0	0	0	
1	1	1	1	1	1	1	1	

2. A/D 转换

（1）连续转换

时钟频率 f 由外接电阻 R 和电容 C 决定，其关系是：

$$f=\frac{1}{1.1RC}=\frac{10^9}{1.1\times150\times10}=606\text{kHz}$$

按图 4-37 接线。接通电源，由于电容 C_1 两端电压不能突变，在接通电源后 C_1 两端产生一个由 0V 按指数规律上升的电压，经 7417 整形后加给 $\overline{\text{WR}}$ 一个阶跃信号，低电平使 ADC0801 启动，高电平对 $\overline{\text{WR}}$ 不起作用。

启动后，ADC0801 对 0～5V 的输入模拟电压进行转换。一次转换完成后，$\overline{\text{INTR}}$ 变为低电平，使 $\overline{\text{WR}}$=0，ADC0801 重新启动，开始第二次转换。数据输出端接 LED，用于监视数据输出，当 D_i=0（i=0, 1, …, 7）时，LED 亮，当 D_i=1 时，LED 不亮。所以只要观察 LED 的亮、灭，就可以观察到 A/D 转换的情况。

为使 ADC0801 连续不断地进行 A/D 转换，并将转换后得到的数据连续不断地通过 D_0～D_7 输出，$\overline{\text{CS}}$ 和 $\overline{\text{RD}}$ 必须接低电平（地）。

（2）单步转换

将图 4-37 中 ADC0801 的 $\overline{\text{WR}}$ 通过外接电路进行控制，按表 4-25 输入模拟量（电压），观察输出状态，并将观察到的结果填入表 4-25 中。

为了减小干扰，把 ADC0801 的模拟地与数字地分开，以提高 A/D 转换的精度。

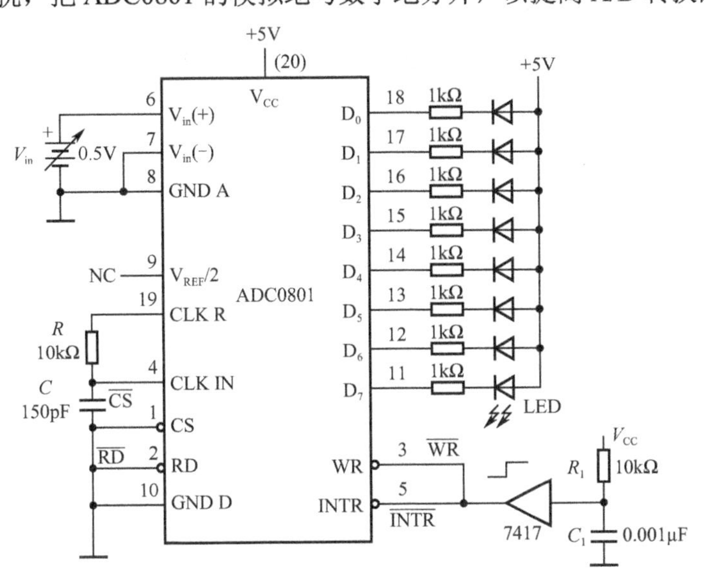

图 4-37　A/D 连续转换电路

表 4-25　实验数据表

输入模拟量/V	0	0.75	0.15	0.31	0.625	1.25	2.5	4.98
输出数字量								

2．扩展内容

用 ICL7107 实现 A/D 转换，按表 4-25 输入电压，观察输出状态。

六、实验注意事项

1．D/A 转换电路接好后，必须进行调零。
2．在实验过程中，每次修改电路一定要先断电。严禁带电操作。
3．每个芯片都应接电源和地。

七、实验报告要求

整理实验数据，并与理论值进行比较，分析误差原因。

八、预习要求

1．复习 A/D、D/A 转换的工作原理。
2．熟悉 ADC0801、DAC0832 各引脚的功能及使用方法。
3．绘制完整的实验电路和所需的实验记录表格。
4．拟订各个实验内容的具体实验方案。

九、思考题

1．DAC 和 ADC 常用的型号有哪些？
2．对于 8 位 D/A 转换器，当输入二进制数为 10000000 时，其输出为多少？

实验 13 用 GAL 实现基本电路的设计

一、实验目的

1. 了解 GAL 器件的结构及其应用。
2. 掌握 GAL 器件的设计原则和一般格式。
3. 学会使用 VHDL 语言进行可编程逻辑器件的逻辑设计。
4. 掌握 GAL 的编程、下载、验证功能的全部过程。

二、设计任务与要求

1. 基本设计任务与要求

（1）用 ispGAL22V10 实现基本逻辑门。
（2）用 ispGAL22V10 实现各种触发器。

2. 扩展设计任务与要求

根据所学知识自主设计电路。

三、实验原理

1. 通用阵列逻辑

通用阵列逻辑（GAL）由可编程的与阵列、固定的或阵列和输出逻辑宏单元（OLMC）三部分构成。GAL 芯片必须借助 GAL 的开发软件和硬件，对其编程写入后，才能使芯片具有预期的逻辑功能。GAL22V10 有 10 个 I/O 口、12 个输入口、10 个寄存器单元，最高频率为 100MHz。

ispGAL22V10 把流行的 GAL22V10 与 ISP 技术结合起来，在功能和结构上与 GAL22V10 的完全相同，并沿用了 GAL22V10 的标准 28 引脚 PLCC 封装。ispGAl22V10 的传输时延低于 7.5ns，系统频率高达 100MHz 以上，因而非常适合高速图形处理和高速总线管理。由于它每个输出单元平均能够容纳 12 个乘积项，最多的输出单元可达 16 个乘积项，因而更加适合大型状态机、状态控制及数据处理、通信工程、测量仪器等领域。ispGAL22V10 的功能框图及引脚图分别如图 4-38 和图 4-39 所示。

另外，采用 ispGAL22V10 来实现诸如地址译码器之类的基本逻辑功能是非常容易的。为实现在系统编程，每个 ispGAL22V10 需要有 4 个在系统编程（ISP）引脚，它们是：串行数据输入（SDI）、方式选择（MODE）、串行输出（SDO）和串行时钟（SCLK）。这 4 个 ISP 控制信号巧妙地利用 28 引脚 PLCC 封装 GAL22V10 的 4 个空引脚，从而使得两种器件的引脚相互兼容。在系统编程电源为+5V，无须外接编程高压。每个 ispGAL22V10 可以保证一万次在系统编程。

ispGAL22V10 的内部结构图如图 4-40 所示，输出逻辑宏单元结构图如图 4-41 所示。

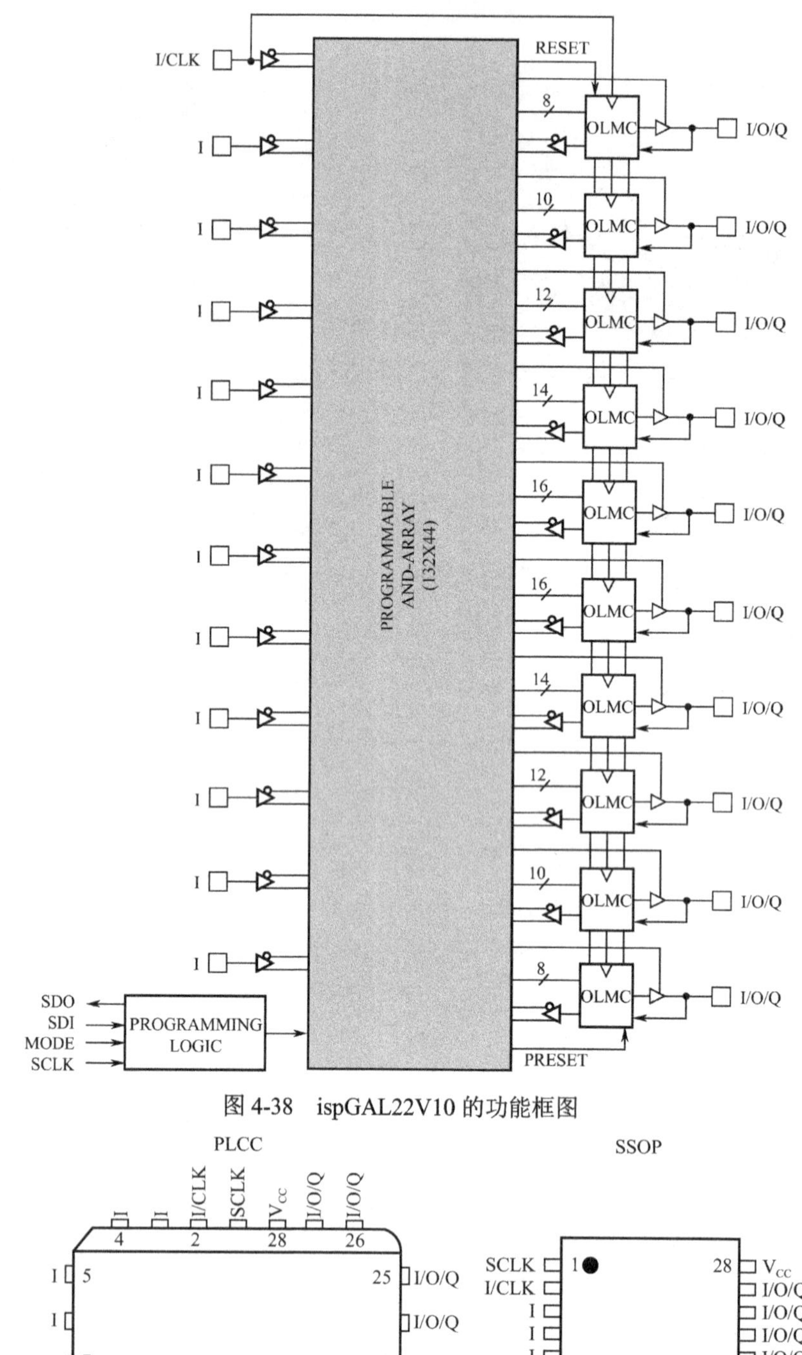

图 4-38　ispGAL22V10 的功能框图

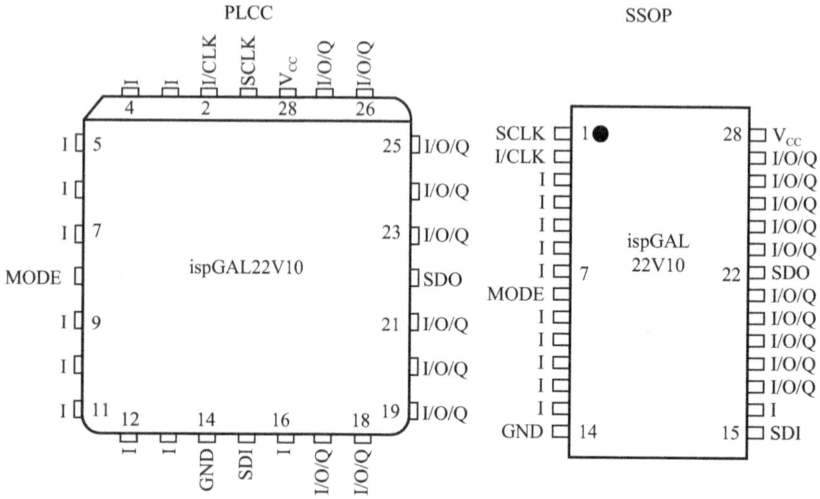

PLCC

I　I　I/CLK　SCLK　V_{CC}　I/O/Q　I/O/Q

4　2　28　26

I 5　25 I/O/Q

I　I/O/Q

I 7　23 I/O/Q

MODE　SDO

I 9　21 I/O/Q

I　I/O/Q

I 11　12　14　16　18　19 I/O/Q

ispGAL22V10

I　I　GND　SDI　I　I/O/Q　I/O/Q

SSOP

SCLK 1　28 V_{CC}

I/CLK　I/O/Q

I　I/O/Q

I　I/O/Q

I　I/O/Q

I　I/O/Q

I 7　22 SDO

MODE　I/O/Q

I　I/O/Q

I　I/O/Q

I　I/O/Q

I　I/O/Q

I　I

GND 14　15 SDI

ispGAL
22V10

图 4-39　ispGAL22V10 的引脚图

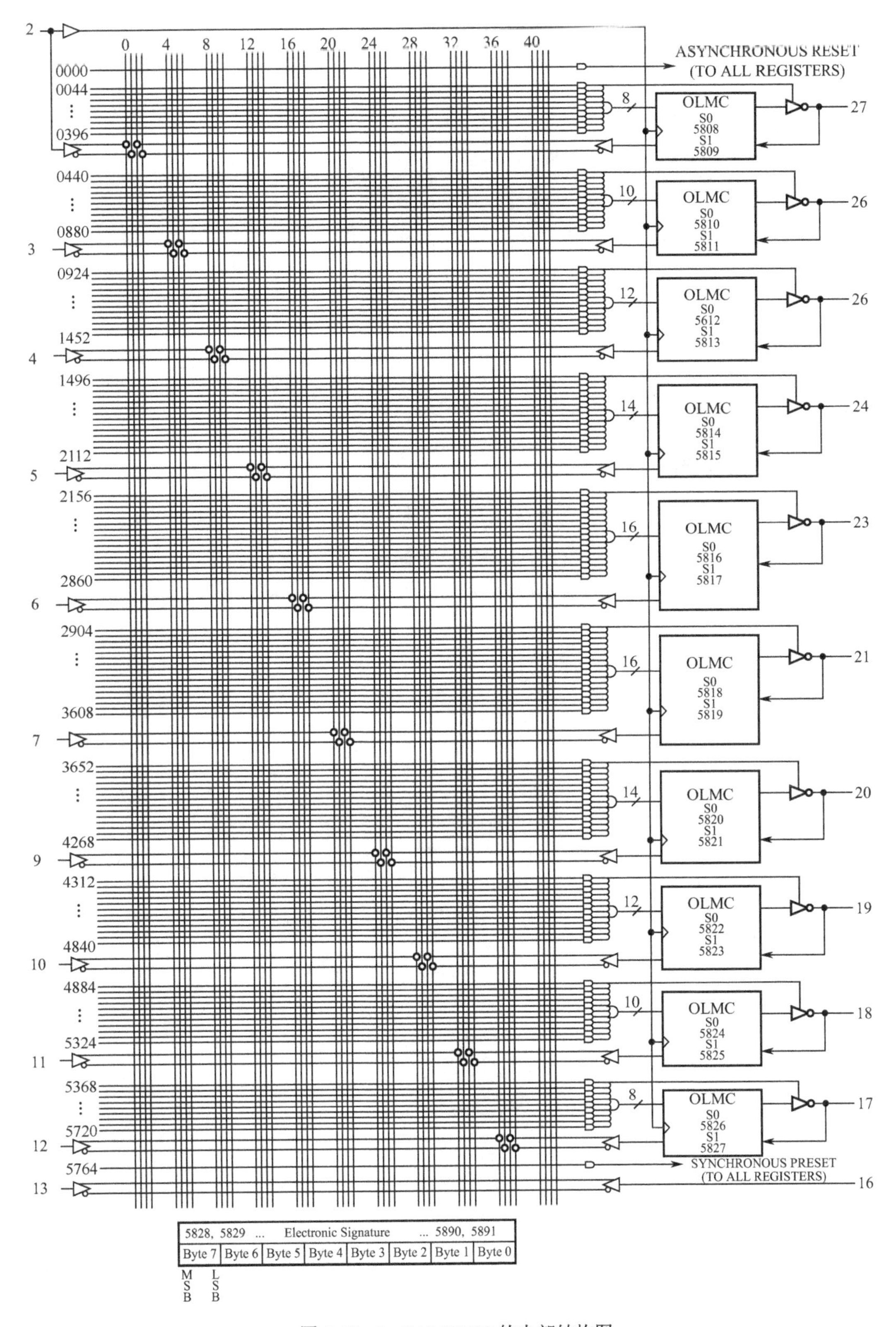

图 4-40 ispGAL22V10 的内部结构图

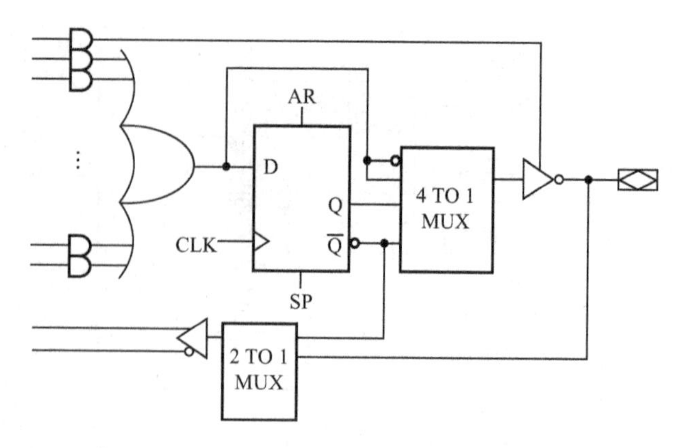

图 4-41　输出逻辑宏单元结构图

2．编译、下载源程序

用 VHDL 语言编写的源程序，是不能直接用于芯片编程下载的，必须经过计算机软件对其进行编译、综合等操作，最终形成 PLD 器件的熔断丝文件（通常称为 JEDEC 文件，简称 JED 文件）；通过相应的软件及编程电缆再将 JED 文件写入 GAL 芯片中，这样 GAL 芯片就具有了用户所需要的逻辑功能。

ispLEVER 设计流程如图 4-42 所示。

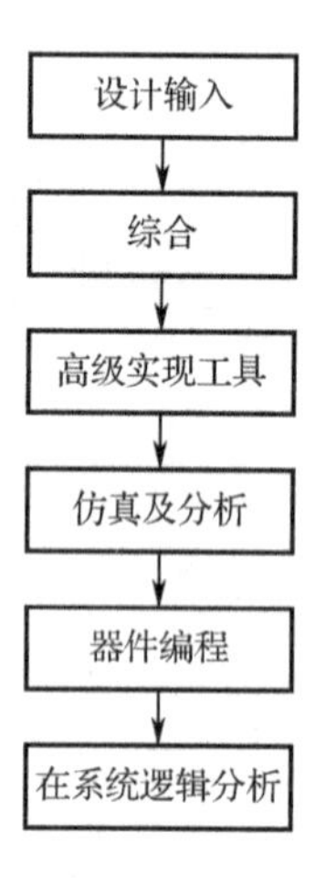

图 4-42　ispLEVER 设计流程

四、实验仪器、设备与器件

1．计算机。
2．实验箱。
3．软件系统。
4．通用阵列逻辑器件：ispGAL22V10。

五、实验内容与步骤

1．用 ispGAL22V10 实现基本逻辑门

（1）根据如图 4-43 所示电路，设定 ispGAL22V10 的各输入、输出引脚并画出其引脚图。

（2）启动 ispLEVER（选择“开始→程序→Lattice Semiconductor→ispLEVER Project Navigator”菜单命令）。

（3）创建一个新的设计项目。

（4）用 VHDL 语言编写输入的操作步骤。

（5）仿真波形输入的操作步骤。

（6）编译源程序。

（7）仿真。

（8）在线下载。

（9）在实验箱上进行功能测试，测出 u，v，w，X，Y，Z，并记录实验结果。

2．用 ispGAL22V10 实现触发器

（1）根据如图 4-44 所示电路，设定 ispGAL22V10 的各输入、输出引脚，并画出其引脚图。注意，图中的置位、复位功能是同步的。

（2）参考前面的实验步骤，用 VHDL 语言编写源程序，实现各种功能触发器，然后对源程序进行编译、下载。

（3）在实验箱上进行功能测试，观察 RS、T、D、JK 触发器的功能，并记录实验结果。

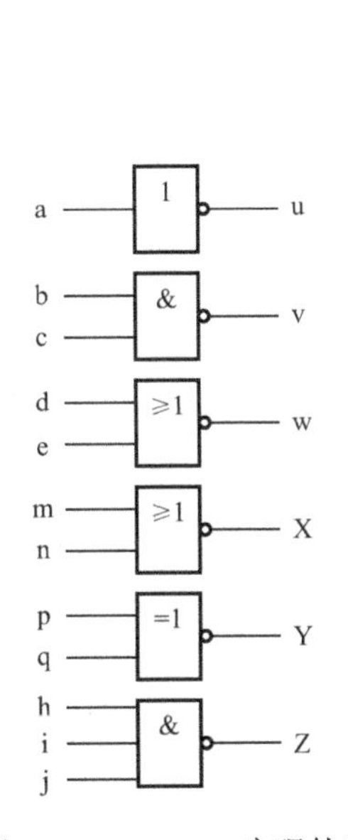

图 4-43 用 ispGAL220V10 实现的基本门电路

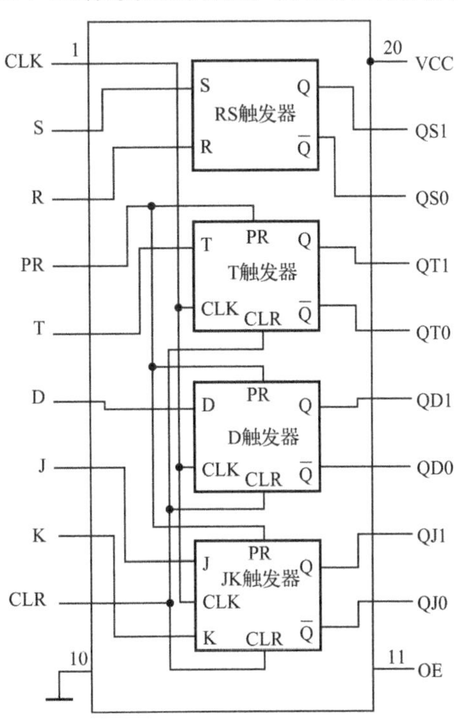

图 4-44 用 ispGAL22V10 实现的触发器

六、实验注意事项

1．在实验过程中，每次修改电路一定要先断电。严禁带电操作。
2．每个芯片都应接电源和地。

七、实验报告要求

1．画出用 ispGAL22V10C 实现基本逻辑门的引脚图。
2．写出 VHDL 的源程序。
3．打印仿真分析波形并给出简要说明。
4．写出主要的实验步骤并分析实验结果。
5．总结实验心得体会。

八、预习要求

1．预习有关通用阵列逻辑（GAL）的相关内容。
2．预习实验内容，并按要求编写 VHDL 源程序，写出预习报告。

九、思考题

1．要想用 ispGAL22V10 实现某个逻辑电路，对 1 号和 11 号引脚有何特殊要求？
2．ispGAL22V10 专用输入、输出引脚各是哪些？
3．ispGAL22V10 的与阵列有行线和列线各多少条？

第5章　综合设计实验

实验1　交通灯控制系统

一、设计任务

设计一个十字路口交通灯控制系统，要求如下：

（1）十字路口设有红、黄、绿信号灯，用数字显示通行时间，以秒为单位做减法计数。

（2）主、支干道交替通行，主干道每次绿灯亮30s，支干道每次绿灯亮20s。

（3）每次变绿灯前，黄灯先亮 5s（此时另一干道上的红灯不变）；每次变红灯前，黄灯先亮5s（此时另一干道上的红灯不变）。

（4）当主、支干道出现特殊情况时，进入特殊运行状态，两条干道上的所有车辆都禁止通行，红灯全亮，时钟停止工作。

（5）要求主、支干道的通行时间及黄灯亮的时间均可在0～99s内任意设定。

二、设计提示及参考电路

交通灯控制系统的原理框图如图5-1所示。状态控制器主要用于记录十字路口交通灯的工作状态，通过状态译码器分别点亮相应状态的信号灯。秒脉冲信号发生器产生整个定时系统的时基脉冲信号，通过减法计数器对秒脉冲信号减计数，以控制每一种工作状态的持续时间。减法计数器的回零脉冲使状态控制器完成状态转换。同时，状态译码器根据系统的下一个工作状态来决定计数器下一次减法计数的初值。减法计数器的状态由BCD译码器译码、LED数码管显示。在黄灯亮期间，状态译码器将秒脉冲信号引入红灯闪烁控制电路，使红灯闪烁。

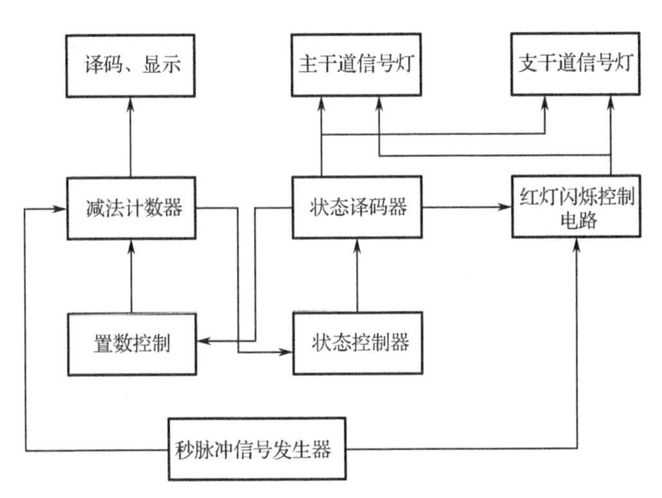

图5-1　交通灯控制系统的原理框图

1．状态控制器

根据设计要求，各信号灯的工作顺序流程如图 5-2 所示。信号灯有 4 种不同的状态，分别用 S_0（主干道绿灯亮、支干道红灯亮），S_1（主干道黄灯亮、支干道红灯闪烁），S_2（主干道红灯亮、支干道绿灯亮），S_3（主干道红灯闪烁、支干道黄灯亮）表示，其状态编码及状态转换图如图 5-3 所示。

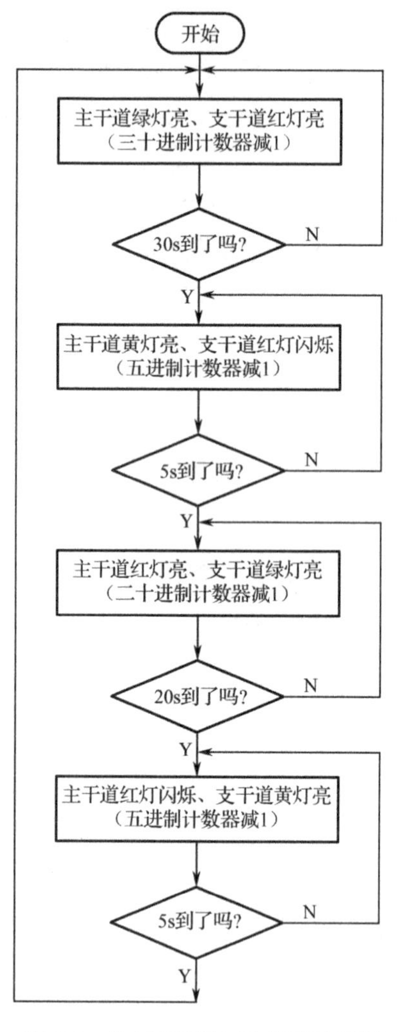

图 5-2　各信号灯的工作顺序流程图

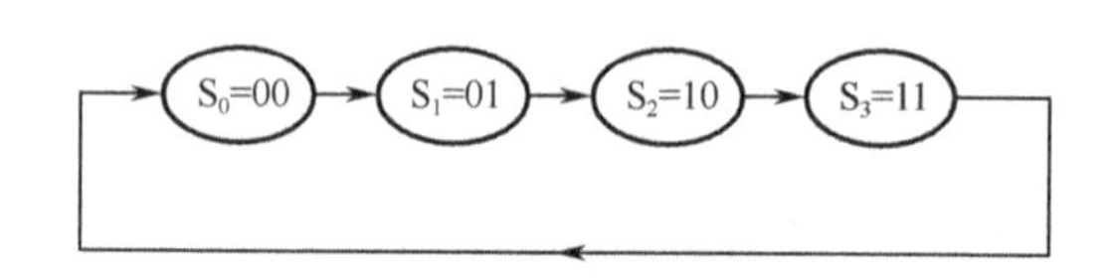

图 5-3　状态编码及状态转换图

显然，这是一个 2 位二进制计数器。可采用计数器 CD4029 构成状态控制器，电路如图 5-4 所示。CD4029 的引脚图见附录 C。

2．状态译码器

主、支干道上信号灯的状态主要取决于状态控制器的输出，它们之间的关系见表 5-1。对于信号灯的状态，1 表示灯亮，0 表示灯灭。

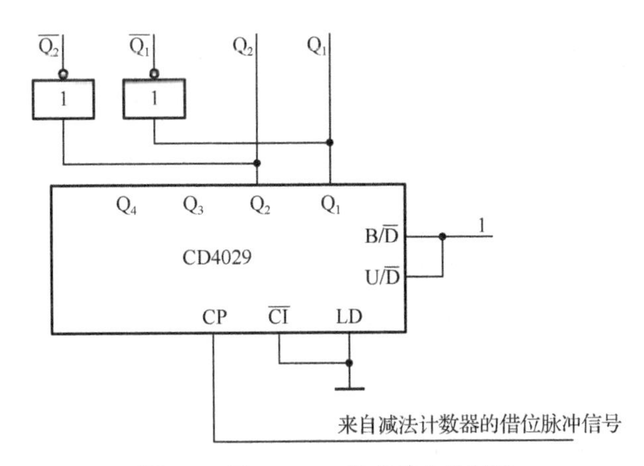

图 5-4　用 CD4029 构成状态控制器

表 5-1　信号灯的真值表

状态控制器的输出		主干道信号灯			支干道信号灯		
Q_2	Q_1	R（红）	Y（黄）	G（绿）	r（红）	y（黄）	g（绿）
0	0	0	0	1	1	0	0
0	1	0	1	0	1	0	0
1	0	1	0	0	0	0	1
1	1	1	0	0	0	1	0

根据表 5-1，可得出各信号灯的逻辑表达式为：

$$R = Q_2 \cdot \overline{Q_1} + Q_2 \cdot Q_1 = Q_2 \qquad \overline{R} = \overline{Q_2}$$

$$Y = \overline{Q_2} \cdot Q_1 \qquad \overline{Y} = \overline{\overline{Q_2} \cdot Q_1}$$

$$G = \overline{Q_2} \cdot \overline{Q_1} \qquad \overline{G} = \overline{\overline{Q_2 Q_1}}$$

$$r = \overline{Q_2} \cdot \overline{Q_1} + \overline{Q_2} = \overline{Q_2} \qquad \overline{r} = \overline{\overline{Q_2}}$$

$$y = Q_2 \cdot Q_1 \qquad \overline{y} = \overline{Q_2 \cdot Q_1}$$

$$g = Q_2 \cdot \overline{Q_1} \qquad \overline{g} = \overline{Q_2 \cdot \overline{Q_1}}$$

现用发光二极管模拟信号灯，由于门电路带灌电流的能力一般比带拉电流的能力强，因此要求门电路输出低电平时，点亮相应的发光二极管。译码器的电路组成如图 5-5 所示。

根据设计要求，当黄灯亮时，红灯应按 1Hz 的频率闪烁。从表 5-1 中看出，黄灯亮时，Q_1 必为高电平，而红灯的点亮信号与 Q_1 无关。现利用 Q_1 信号去控制一个三态门电路 74245（或模拟开关），当 Q_1 为高电平时，将秒脉冲信号引到驱动红灯的与非门的输入端，使红灯在黄灯亮期间闪烁；反之将其隔离，红灯不受黄灯的影响。

3．定时器

根据设计要求，状态控制器中要有一个能自动装入不同定时时间的定时器，以完成 30s、20s、5s 的定时任务。

4．秒脉冲信号发生器

产生秒脉冲信号的电路有多种形式，图 5-6 是利用 555 定时器组成的秒脉冲信号发生器。因为该电路输出的脉冲信号的周期为 $T \approx 0.7(R_1+2R_2)C$。若 T=1s，令 C=10μF，R_1=39kΩ，则

R_2≈51kΩ。取固定电阻 47kΩ 与 5kΩ 的电位器相串联代替电阻 R_2。在调试电路时，调节电位器 R_P，使输出的脉冲信号周期为 1s。

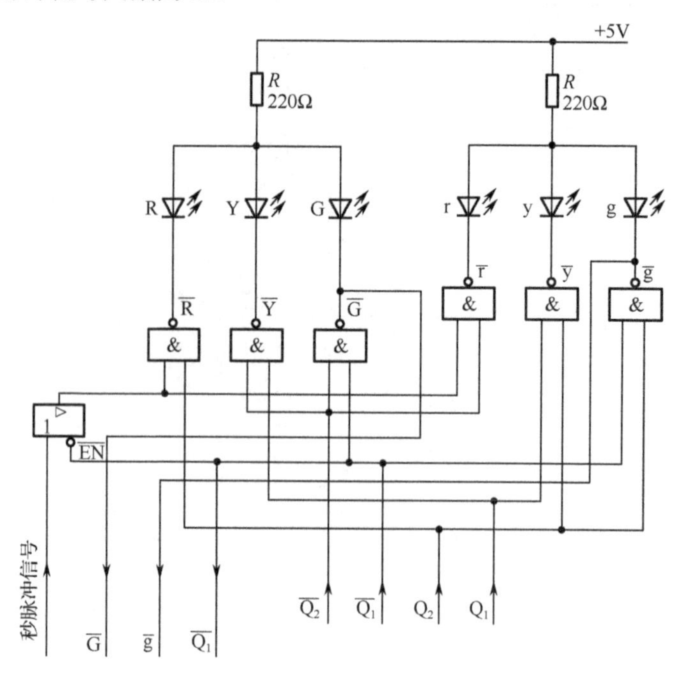

图 5-5　译码器的电路

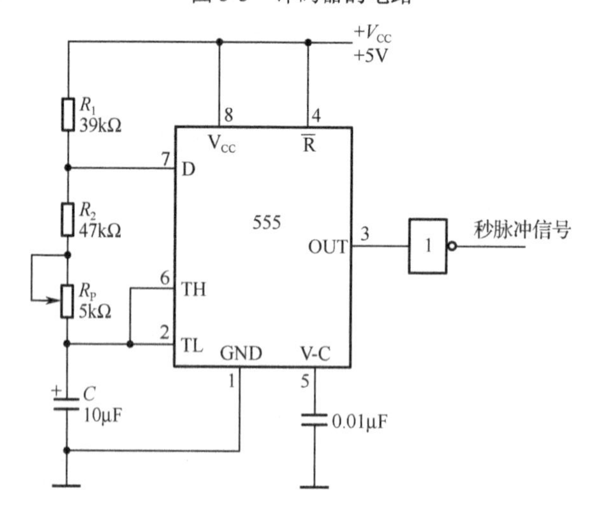

图 5-6　用 555 定时器组成的秒脉冲信号发生器

三、调试及设计报告要求

1．按照设计任务及要求画出十字路口交通灯信号控制系统的电路图，列出元器件清单。
2．在实验箱上连接电路。
3．拟订测试内容及步骤，选择测试仪器，列出有关的测试表格。
4．进行单元电路调试和整机调试。
5．进行故障分析及精度分析，并对功能进行评价。
6．写出总结报告，设计收获及体会。

实验2　数字电子钟

一、设计任务

用中、小规模集成电路设计一个数字电子钟，基本要求如下：

（1）能显示月、日、星期、时、分、秒。

（2）具有校时功能。

（3）具有整点报时功能。

二、设计提示及参考电路

数字电子钟的原理框图如图5-7所示，主要由秒脉冲信号发生器、时计数器、分计数器、秒计数器、译码显示电路、校时电路、校时控制电路、整点报时电路等组成。秒脉冲信号产生器是整个系统的时基信号，它直接决定计时系统的精度，一般用石英晶体振荡器加分频器来实现。将标准秒脉冲信号送入秒计数器，秒计数器采用六十进制计数器，每累计60s发出一个“分脉冲”信号，该信号将作为分计数器的时钟脉冲信号。分计数器也采用六十进制计数器，每累计60min，发出一个“时脉冲”信号，该信号将被送到时计数器中。时计数器采用二十四进制计数器，可实现对一天24h的累计。译码显示电路将时/分/秒计数器的输出状态经译码器译码，通过6位数码管显示出来。整点报时电路根据计时系统的输出状态产生一个脉冲信号，然后触发音频发生器，实现报时。校时电路用来对时、分、秒显示数字进行校对调整。

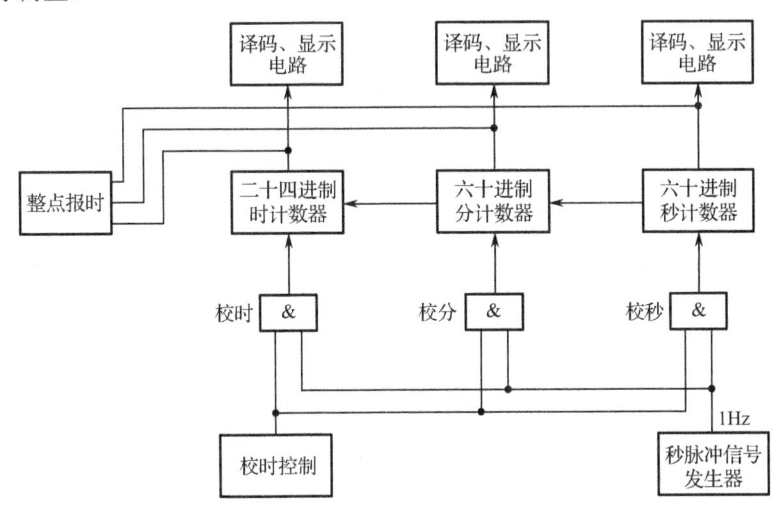

图5-7　数字电子钟的原理框图

1. 秒脉冲信号发生器

秒脉冲信号发生器是数字电子钟的核心部分，它的精度和稳定度决定了数字电子钟的质量。通常，用石英晶体振荡器产生的脉冲信号经过整形、分频获得1Hz的秒脉冲信号。常用的典型电路如图5-8所示。

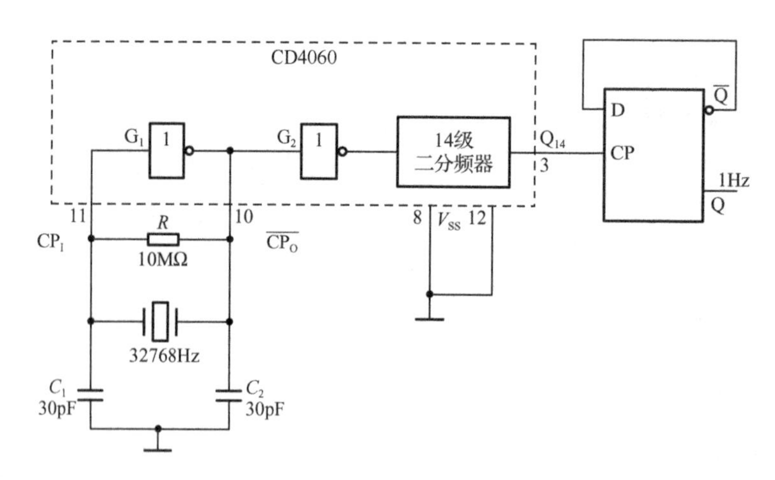

图 5-8　秒脉冲信号发生器

CD4060 是 14 位二进制计数器，其引脚图见附录 C。其中，C_1 是频率微调电容，取 5pF 或 30pF。C_2 是温度特性校正用电容，一般取 20～50pF。石英晶体振荡器采用 32 768Hz 频率，若要得到 1Hz 的脉冲，则需经过 15 级二分频器完成。由于 CD4060 只能实现 14 级分频，故必须外加一级分频器，可采用 D 触发器完成。

2. 秒/分/时计数器

秒/分计数器为六十进制计数器，时计数器为二十四进制计数器。这两种计数器可采用中规模集成计数器实现。

3. 译码显示电路

译码显示电路的功能是将秒/分/时计数器的输出代码进行翻译，变成相应的数字显示出来。只要将秒/分/时计数器的每位输出分别接到相应显示译码电路的输入端，便可进行不同数字的显示。

4. 校时电路

数字电子钟启动后，每当发现显示与实际时间不符时，就需要根据标准时间进行校时。简单有效的校时电路如图 5-9 所示。

校秒采用等待校时。当进行校时时，将琴键开关 K_1 按下，此时门 G_1 被封锁，秒脉冲信号无法进入秒计数器中，此时暂停秒计时。当数字电子钟的秒显示值与标准时间的秒数值相同时，立即松开 K_1，数字电子钟的秒显示与标准时间的秒计时同步运行，完成秒校时。

校分、时的原理比较简单，可采用加速校时。例如，分校时使用 G_2、G_3、G_4 与非门，当进行分校时时，按下琴键开关 K_2，由于 G_3 输出高电平，秒脉冲信号直接通过 G_2、G_4 被送到分计数器中，使分计数器以秒的节奏快速计数。当分计数器的显示与标准时间的数值相符时，松开 K_2 即可。当松开 K_2 时，G_2 封锁秒脉冲信号，输出高电平，G_4 接收来自秒计数器的输出进位信号，使分计数器正常工作。同理，时校时电路与分校时电路的工作原理完全相同。

5. 整点报时电路

当计数器在每次计时到整点前 6s 时，开始报时。当分计数器为 59，秒计数器为 54 时（59min

54s)，要求整点报时电路发出一个控制信号 F_1。该信号持续时间为 5s，在这 5s 内，使低音信号（512Hz）打开闸门，使报时声鸣叫 5 声。当分和秒计数器运行到 59min59s 时，要求整点报时电路发出另一个控制信号 F_2。该信号持续时间为 1s，在这 1s 内使高音信号（1024Hz）打开闸门，使报时声鸣叫 1 声。根据以上要求，设计的整点报时电路如图 5-10 所示。

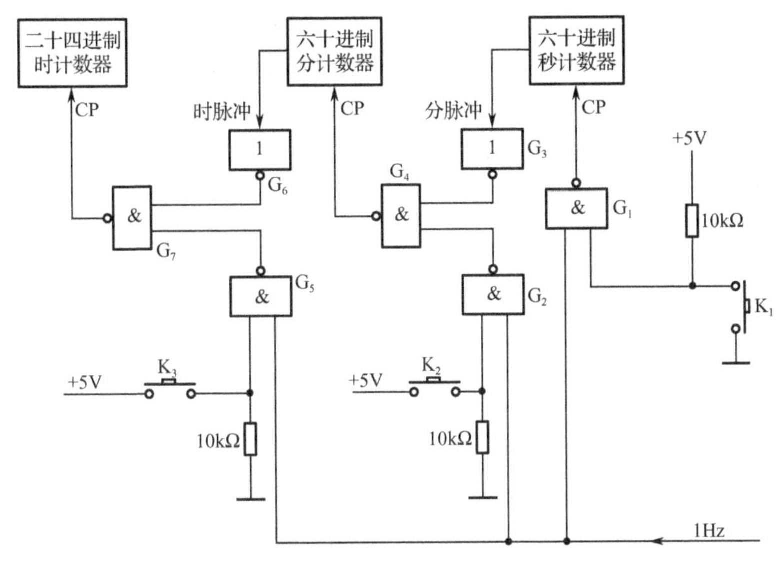

图 5-9　校时电路

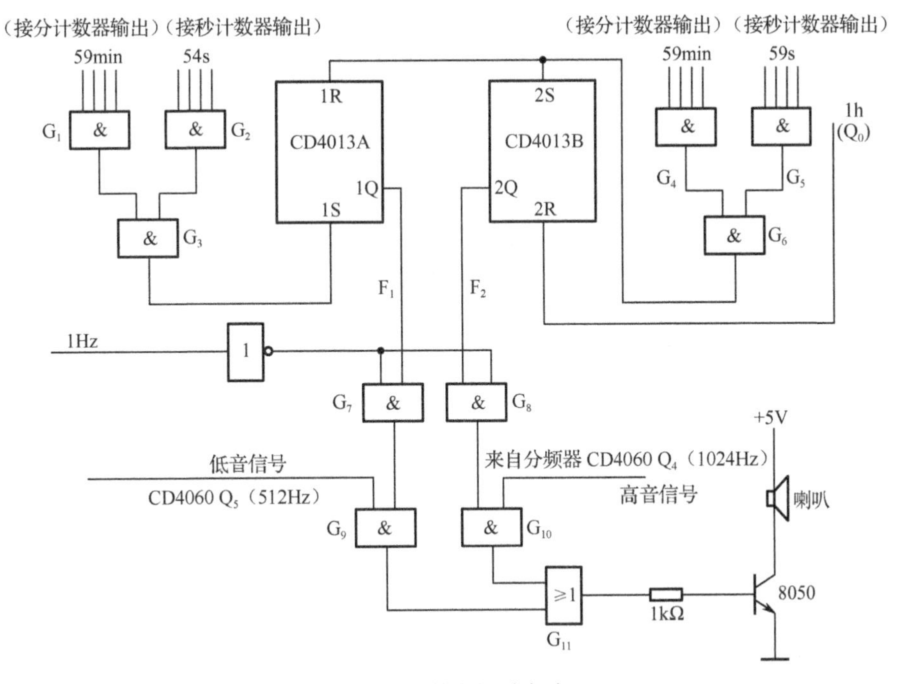

图 5-10　整点报时电路

利用触发器的记忆功能，可完成实现所要求的 F_1、F_2 信号。当分和秒计数器输出状态为 59min54s 时，G_3 输出一个高电平，使第一个触发器的输出 1Q 被置成高电平，此时整点报时电路的低音信号（512Hz）与秒脉冲信号同时被引入蜂鸣器中，使蜂鸣器每次鸣叫 0.5s。一旦分和秒计数器输出状态变为 59min59s，G_6 就输出高电平，使触发器的输出 1Q 变成低电平，同时将第二个触发器的输出 2Q 置为高电平。此时，封锁整点报时电路的低音信号，开启高音信号（1024Hz），当满 60min 进位信号一到，触发器的输出 2Q 被清零。蜂鸣器高音鸣叫一次，历时 0.5s。

三、调试及设计报告要求

1. 按照设计任务及要求画出数字电子钟的电路图，列出元器件清单。
2. 在实验箱上连接电路。
3. 拟订测试内容及步骤，选择测试仪器，列出有关的测试表格。
4. 进行单元电路调试和整机调试。
5. 进行故障分析和精度分析，并对功能进行评价。
6. 写出总结报告，设计收获及体会。

实验 3　数字电子秤

一、设计任务

用大规模集成电路设计一个数字电子秤，要求测量范围为：0～1.999kg，0～19.99kg，0～199.9kg，0～1999kg。

二、设计提示及参考电路

数字电子秤通常由 5 个部分组成：传感器、信号放大器、A/D 转换器、显示器和量程切换电路。其原理框图如图 5-11 所示。

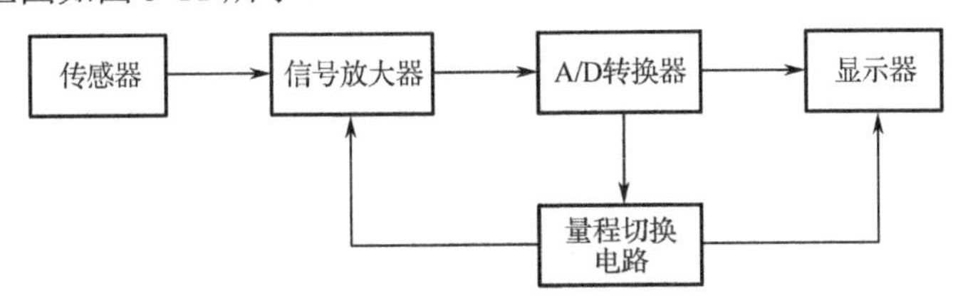

图 5-11　数字电子秤的原理框图

数字电子秤的测量过程是，通过传感器将被测物体的质量转换成电压信号输出，信号放大器把来自传感器的微弱信号放大，放大后的电压信号经过 A/D 转换器把模拟量转换成数字量，数字量通过显示器显示出来。由于被测物体的质量相差较大，根据不同的质量可以通过量程切换电路选择不同的量程、显示器的小数点对应不同的量程显示。

1．传感器

电子秤传感器的测量电路通常使用电桥测量电路，它将应变片电阻值的变化转换为电压或电流的变化。这就是可用的输出信号。

电桥电路由 4 个电阻组成，如图 5-12 所示，桥臂是电阻 R_1、R_2、R_3 和 R_4，对角点 A 与 B 接电源电压 V_+，C 与 D 接负载或者放大器，桥臂电阻为应变片电阻。

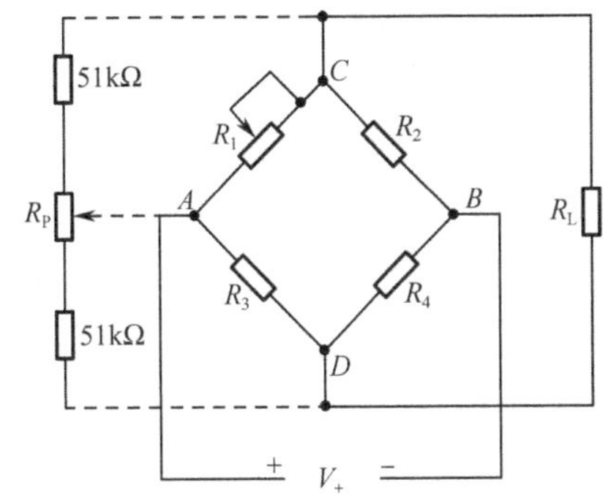

图 5-12　电桥电路及调零电路

当 $R_1R_4=R_2R_3$ 时，电桥平衡，则测量对角线 CD 上的输出为零。当传感器受到外界物体质量大小影响时，电桥的桥臂电阻值发生变化，电桥失去平衡，则测量对角线 CD 上有输出。若传感器元件为应变片电阻，该输出值将反映应变片电阻值的变化。应变片电阻值的变化一般很微小，故电桥输出需要接放大器，这时放大器的输入阻抗也就成了电桥的负载。一般放大器输出阻抗较电桥的内阻要高得多。

数字电子秤的传感器在不加负荷时，电桥电路的电阻应平衡，也就是说，电桥初始平衡状态输出应为零。但实际上，电桥电路各臂的阻值不可能绝对相同，其接触电阻及导线电阻也有差异，致使输出不为零。因此，必须设置调零电路，使初始状态达到平衡，即输出为零。通常使用的调零电路是图 5-12 中的虚线连接部分，通过调节可变电阻可使电桥平衡，输出为零。

2. 放大器

数字电子秤的放大器用于把传感器输出的弱信号放大，放大的信号应能满足 A/D 转换的要求，CMOS 单片$3\frac{1}{2}$位 A/D 转换器 CC7106/7 的输入量应为 0～1.999V。

3. A/D 转换器及显示器

传感器的输出信号放大后，通过 A/D 转换器把模拟量转换成数字量，再由显示器显示出来。

CMOS 单片$3\frac{1}{2}$位 A/D 转换器 CC7106/7、CC7116/7 和 CC7126 都是双积分型的 A/D 转换器，这些单片 A/D 转换器是大规模集成电路，将模拟部分电路（如缓冲器、积分器、电压比较器、正负电压参考源和模拟开关）及数字电路部分（如振荡器、计数器、锁存器、译码器、驱动器和控制逻辑电路等）全部集成在一个芯片上，使用时，只需外接少量的电阻、电容元件和显示器件，就可以完成模拟量至数字量的转换。

CC7106/7 分别是液晶显示（LCD）和发光二极管显示（LED）的 A/D 转换器。CC7116/7 与 CC7106/7 的区别是，增加了数据保持（HOLD）功能，同时在电路外部引出端去除了低参考（REFLO）端，通过芯片内部连线直接将 REFLO 端连到模拟公共端 COM 上。CC7126 是低功耗液晶显示的 A/D 转换器，其功耗小于 1mW，而 CC7106 的功耗小于 10mW。上述几种 A/D 转换器的电路结构和工作原理大同小异。

三、调试及设计报告要求

1. 按照设计任务及要求画出数字电子秤的电路图，列出元器件清单。
2. 在实验箱上连接电路。
3. 拟订测试内容及步骤，选择测试仪器，列出有关的测试表格。
4. 进行单元电路调试和整机调试。
5. 进行故障分析和精度分析，并对功能进行评价。
6. 写出总结报告，设计收获及体会。

实验 4　数字频率计

一、设计任务

用中、小规模集成电路设计一个数字频率计，基本要求如下。

（1）频率测量范围：1Hz～1MHz。

（2）测量信号：方波、正弦波、三角波。

（3）测量信号幅值：0.5～5V。

（4）量程分为三挡：×10、×1、×0.1。

二、设计提示及参考电路

数字频率计实际上就是一个脉冲计数器，即在单位时间里（如 1s）所统计的脉冲个数。图 5-13 是数字频率计的原理框图。该系统主要由放大整形电路、石英晶体振荡器、分频器及量程选择开关、门控电路、逻辑控制电路、闸门、计数、译码、显示电路等组成。首先，把输入的被测信号（以正弦波为例）通过放大整形电路将其转换成同频率的脉冲信号，然后将它加到闸门的一个输入端上。闸门的另一个输入信号是门控电路发出的标准脉冲信号，只有在门控电路输出高电平时，闸门才被打开，被测量的脉冲信号通过闸门进入计数器进行计数。门控电路输出高电平的时间 T 是非常准确的，它由一个高稳定度的石英晶体振荡器和一个多级分频器及量程选择开关共同决定。逻辑控制电路用于控制计数器的工作顺序，使计数器按照一定的顺序有条理地进行工作（例如，准备→计数→显示→清零→准备下一次测量）。

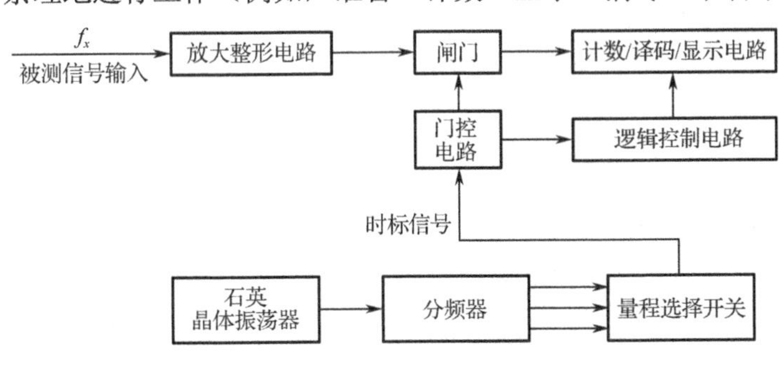

图 5-13　数字频率计的原理框图

1．放大整形电路

对于输入幅值比较小的正弦波信号，要测量其频率的大小，首先要进行放大整形，变换成同频方波信号。实现此功能的电路如图 5-14 所示。信号首先经过两只二极管 VD_1、VD_2 进行输入嵌位限幅，然后通过两级三极管组成的共射极放大器进行放大，待放大到足够的幅值后送至施密特触发器进行整形，从而得到上、下沿非常陡峭的脉冲。

2．石英晶体振荡器

为了得到高精度、高稳定度的时基信号，需要有一个高稳定度的高频信号源。产生此信号的石英晶体振荡器电路如图 5-15 所示。其中 R_F 为反馈电阻，为门电路提供合适的工作点，使其工作在线性状态下。电容 C 是耦合电容。石英晶体振荡器的频率为 10MHz。

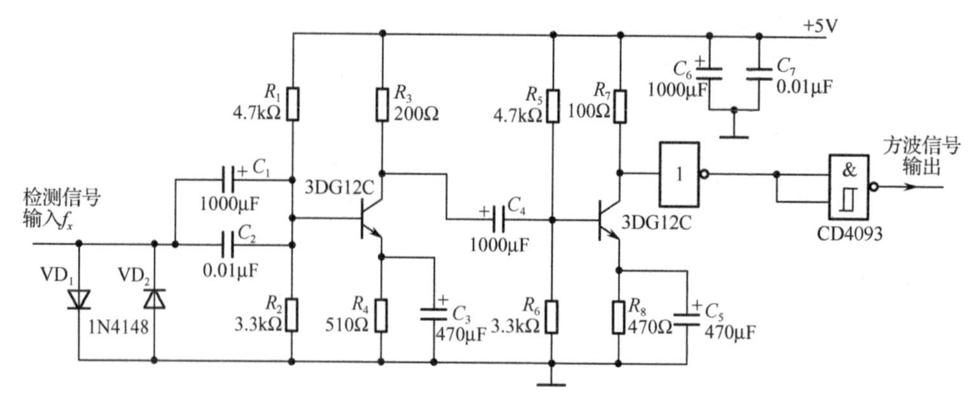

图 5-14　放大整形电路

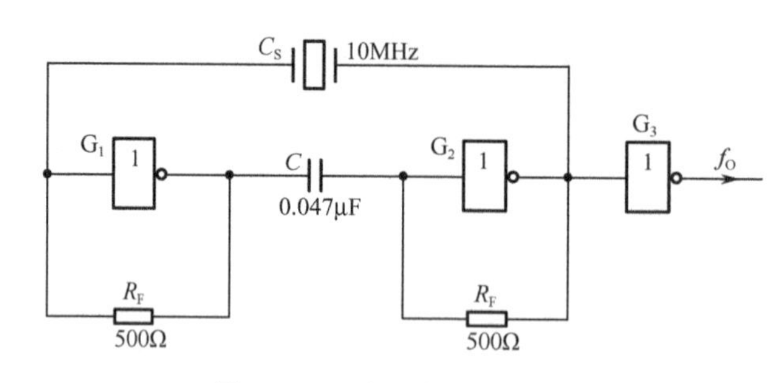

图 5-15　石英晶体振荡器电路

3. 分频器及量程选择开关

分频器是由多级计数器实现的，目的是得到不同的标准信号：10Hz、1Hz、0.1Hz。至于量程选择，主要是根据输入信号频率的大小，选择不同的时标信号。例如，对于小于 100Hz 的信号，为了提高测量精度，量程选择开关可打在×0.1 的位置；对于 100Hz < f<1kHz 的输入信号，量程选择开关可打在×1 的位置；对于 1kHz<f<1MHz 的输入信号，量程选择开关可打在×10 的位置。在电路处理方面，若将单位时间缩小为 0.1s，则量程值为数显值×10；若将单位时间扩大为 10s，则量程值变为数显值×0.1。所以选用 0.1s、1s、10s 三挡作为脉冲输入的门控时间，可实现量程的选择。

4. 门控电路和逻辑控制电路

在时标信号的作用下，首先输出一个标准时间（如 1s），在这个时间内，计数器记录下输入脉冲信号的个数，然后逻辑控制电路发出一个锁存保持信号，使记录下的脉冲信号个数被显示一段时间，以便观察者看清并记录下来，接下来逻辑控制电路输出一个清零脉冲信号，使计数器的原记录数据被清零，准备下次计数。

5. 计数/译码/显示电路

根据设计任务要求，最大输入信号频率为 1MHz，最大量程扩展×10，故选用 6 位 LED 数码管即可。组成 6 位十进制计数器，BCD 码显示译码器用于驱动 LED 数码管，它是将锁存、译码、驱动三种功能集于一身的电路。应避免在计数过程中出现跳数现象，便于观察和记录。

三、调试及设计报告要求

1．按照设计任务及要求画出频率计的电路图，列出元器件清单。

2．在实验箱上连接电路。

3．拟订测试内容及步骤，选择测试仪器，列出有关的测试表格。

4．分别进行单元电路的调试：可控制的计数、译码、显示电路；石英晶体振荡器及分频器；带衰减器的放大整形电路。

5．进行整机调试。

6．进行故障分析和精度分析。

7．写出总结报告，设计收获及体会。

实验 5　公用电话计时器

一、设计任务

用中、小规模集成电路设计一个公用电话计时器，基本要求如下：

（1）首次 3min 计时一次，之后 1min 计时一次。

（2）显示通话次数，最多为 99 次。

（3）每次定时误差小于 1s。

（4）具有手动复位功能。

（5）具有声音提醒功能。

二、设计提示及参考电路

公用电话计时器的原理框图如图 5-16 所示，主要包括标准信号源、分频器、定时器、计数器、译码显示电路、声音提醒电路、复位电路等。当按下复位键 S 时，复位电路保证定时器及计数器同时清零，此时显示通话次数为零。当松开复位键 S 时，计时开始，此时由标准函数信号发生器产生的 f_0=32768Hz 信号经过 12 级分频得到 f_0=8Hz 的脉冲输入定时器。定时器的功能按设计要求定时输出脉冲信号，该脉冲信号被送到计数器、译码显示电路，便可显示出通话次数；同时该脉冲信号被送到声音提醒电路，可控制声音提醒的时长及声调，实现声音提醒功能。

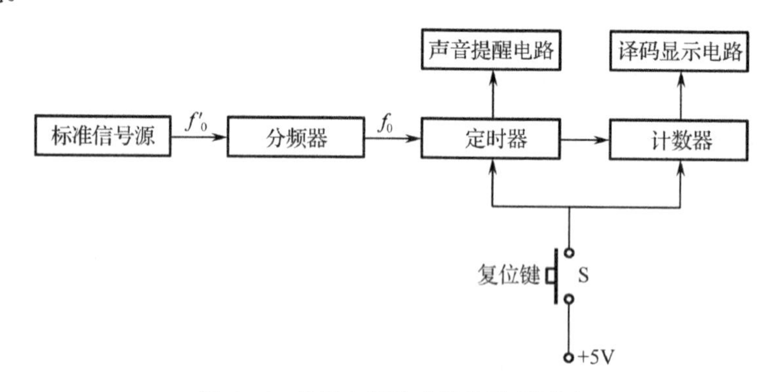

图 5-16　公用电话计时器的原理框图

1．标准信号源

产生脉冲信号的电路非常多，例如，由集成门电路构成的多谐振荡器、由 555 定时器组成的方波发生器等。由于标准信号源对频率的稳定性及输出信号的精度要求都比较高，故采用由石英晶体组成的多谐振荡器。

由于石英晶体的选频特性非常好，只有与其串联谐振频率相同的信号最容易通过，而其他频率的信号会被大大衰减，所以电路在满足振荡的条件下，其输出频率仅取决于石英晶体的标称频率，与其他元件参数无关。

2. 分频器

由于石英晶体的谐振频率比较高，为了得到低频的且又能满足定时要求的脉冲信号，可采用二进制计数器进行分频。n 位二进制计数器的最高位输出信号的频率 f_n 与计数脉冲信号频率 f_{cp} 的关系为 $f_n=\frac{f_{cp}}{2^n}$ 。

3. 定时器

定时器是本系统的关键。n 位二进制计数器输出状态与计数脉冲信号个数的关系为：

$$(N)_D=2^{n-1}\times Q_{n-1}+2^{n-2}\times Q_{n-2}+\cdots+2^0\times Q_0$$

式中，下标 D 表示十进制数。

因为输入脉冲信号的周期 $T_0=\frac{1}{f_0}$ ，则定时为 3min（即 180s）所需输入脉冲信号的个数 N 为：

$$N=\frac{180}{T_0}=180f_0=180\times8=1440 \text{ 个}$$

又因为

$$(N)_D=(1440)_D=(10110100000)_B$$

即要求计数器的模等于 1440，利用反馈清零法，可设计出该电路。定时器电路如图 5-17 所示。当计数器累计到 1440 个脉冲信号时，G_1 输出为 1，G_2 输出为 0，G_3 被置为 1。一旦计数器的 C_r 端为高电平，其输出立即被清零，由于 G_2、G_3 组成的触发器具有记忆功能，故 G_3 输出不变。当 f_0 上升沿到来时，G_3 输出为 0，计数器的清零信号解除。可见，G_3 输出的信号 f_T 是周期为 3min、输出高电平为 $\frac{1}{16}$ s 的窄脉冲。二极管 VD_1 的作用见复位电路。

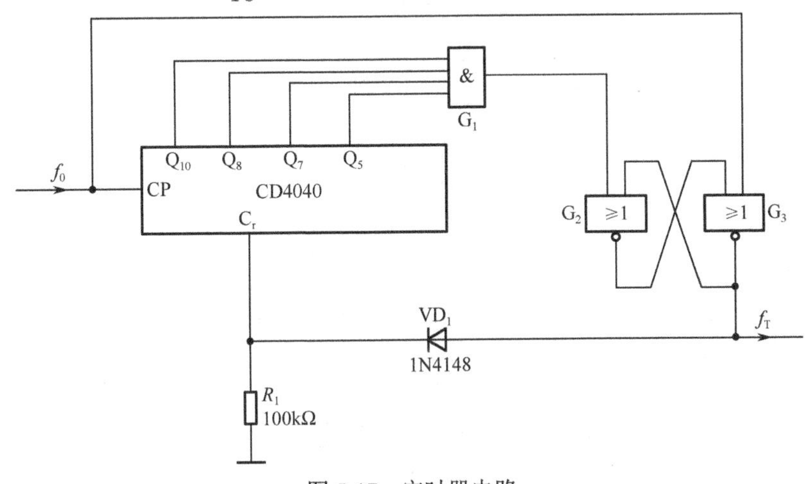

图 5-17　定时器电路

同理，可以实现输出的信号 f_T 是周期为 1min 的脉冲。

4. 计数器、译码显示电路

计数器、译码显示电路可采用中规模集成计数器、译码器组成，通过 LED 数码管显示通话次数。

5. 复位电路

根据设计要求，在每次通话之前一定要清零。当复位键 S 按下时，定时器和计数器均被清零。复位电路如图 5-18 所示。当复位键 S 按下时，+5V 电源同时加到 3min 定时器的清零端和计数器的置数端，使其强迫清零。

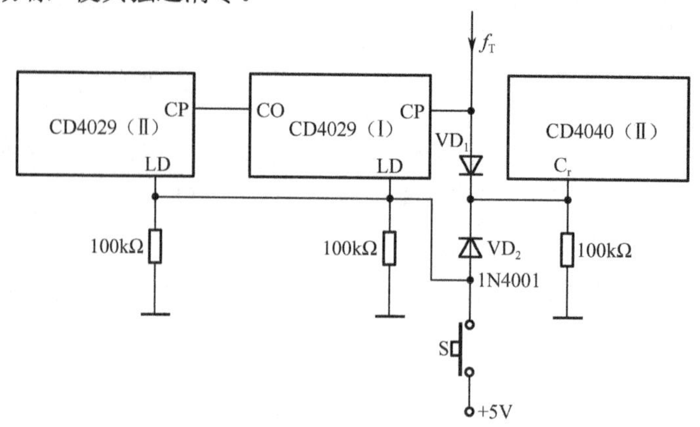

图 5-18　复位电路

6. 声音提醒电路

该电路的主要功能是每过 3min 的时间，提醒通话者一下，提醒时间为 5s。

实现此功能可用单稳态触发器加多谐振荡器完成。利用 555 定时器组成的声音提醒电路如图 5-19 所示。根据定时时间的要求，可确定电阻 R_1、电容 C_1 的值。因为 $T_0=1.1R_1C_1$，$T_0=5s$，取 $C_1=10\mu F$，可得 $R_1=4.7k\Omega$。取振荡频率 $f=500Hz$，$R_2=200\Omega$，$C_2=0.1\mu F$。

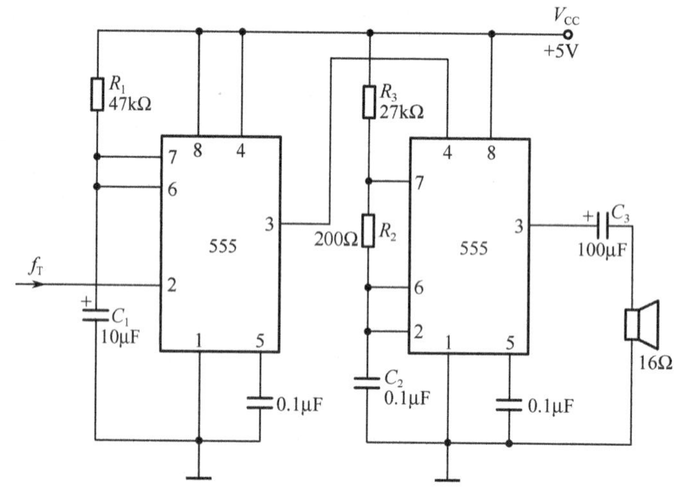

图 5-19　声音提醒电路

因为

$$f\approx\frac{1.43}{(R_3+2R_2)C_2}$$

所以

$$R_3\approx\frac{1.43}{fC_2}-2R_2$$

取 R_3=27kΩ。

三、调试及设计报告要求

1. 按照设计任务及要求画出公用电话计时器的电路图，列出元器件清单。
2. 在实验箱上连接电路。
3. 拟订测试内容及步骤，选择测试仪器，列出有关的测试表格。
4. 进行单元电路调试。
5. 进行整机调试。
6. 进行故障分析和精度分析。
7. 写出总结报告、设计收获及体会。

实验 6　数字抢答器

一、设计任务

设计一个多路数字抢答器，要求如下：

（1）可同时供 8 个选手使用，每个选手各用一个抢答按键。

（2）数字抢答器具有抢答序号锁定和数字显示选手序号的功能，同时配有声音提醒功能。

（3）主持人发出抢答命令的同时按下控制开关。选手听到抢答命令后，通过各自的按键输入抢答信号。

（4）对犯规控制（包括提前抢答和超时抢答）除有声、光提醒外，还会显示犯规选手的序号。

二、设计提示及参考电路

数字抢答器的原理框图如图 5-20 所示。

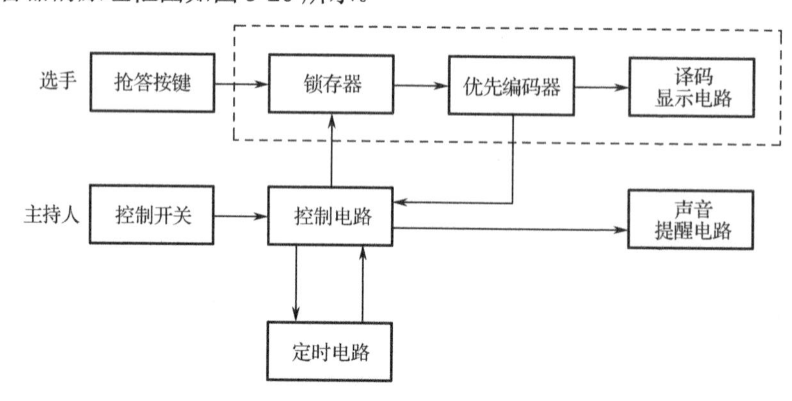

图 5-20　数字抢答器的原理框图

定时抢答器的工作过程为：接通电源时，主持人将控制开关置于清除位置，抢答器处于禁止工作状态，编号显示器灭灯，定时显示器显示设定时间。当主持人宣布抢答题目后，说一声“抢答开始”，同时将控制开关拨到开始位置，扬声器发出声音提醒，抢答器处于工作状态，定时器开始倒计时。如果定时时间到，但没有选手抢答，则表示本轮抢答无效，扬声器发出声音提醒，并封锁电路，禁止选手超时后抢答。

数字抢答器电路由抢答电路、控制电路、声音提醒电路组成。

1．抢答电路

抢答电路的功能有两个：一是能分辨出选手按键的先后顺序，并锁存优先抢答选手的序号，送给译码显示电路；二是要使其他选手随后的按键操作无效。选用优先编码器 74148 和锁存器 74373 可以完成上述功能，其电路组成如图 5-21 所示。

2．控制电路

控制电路是抢答器设计的关键，它要完成以下功能。

（1）主持人将控制开关拨到开始位置时，扬声器发声，抢答电路和定时电路进入正常抢答工作状态。

（2）当选手按下抢答按键时，扬声器发声，抢答电路和定时电路停止工作。

（3）当设定的抢答时间到，无人抢答时，扬声器发声，同时抢答电路和定时电路停止工作。

3. 声音提醒电路

由 555 定时器和三极管构成的声音提醒电路如图 5-21 所示。其中 555 定时器构成多谐振荡器，其输出信号经三极管推动扬声器。

4. 整机电路

整机电路如图 5-21 所示。

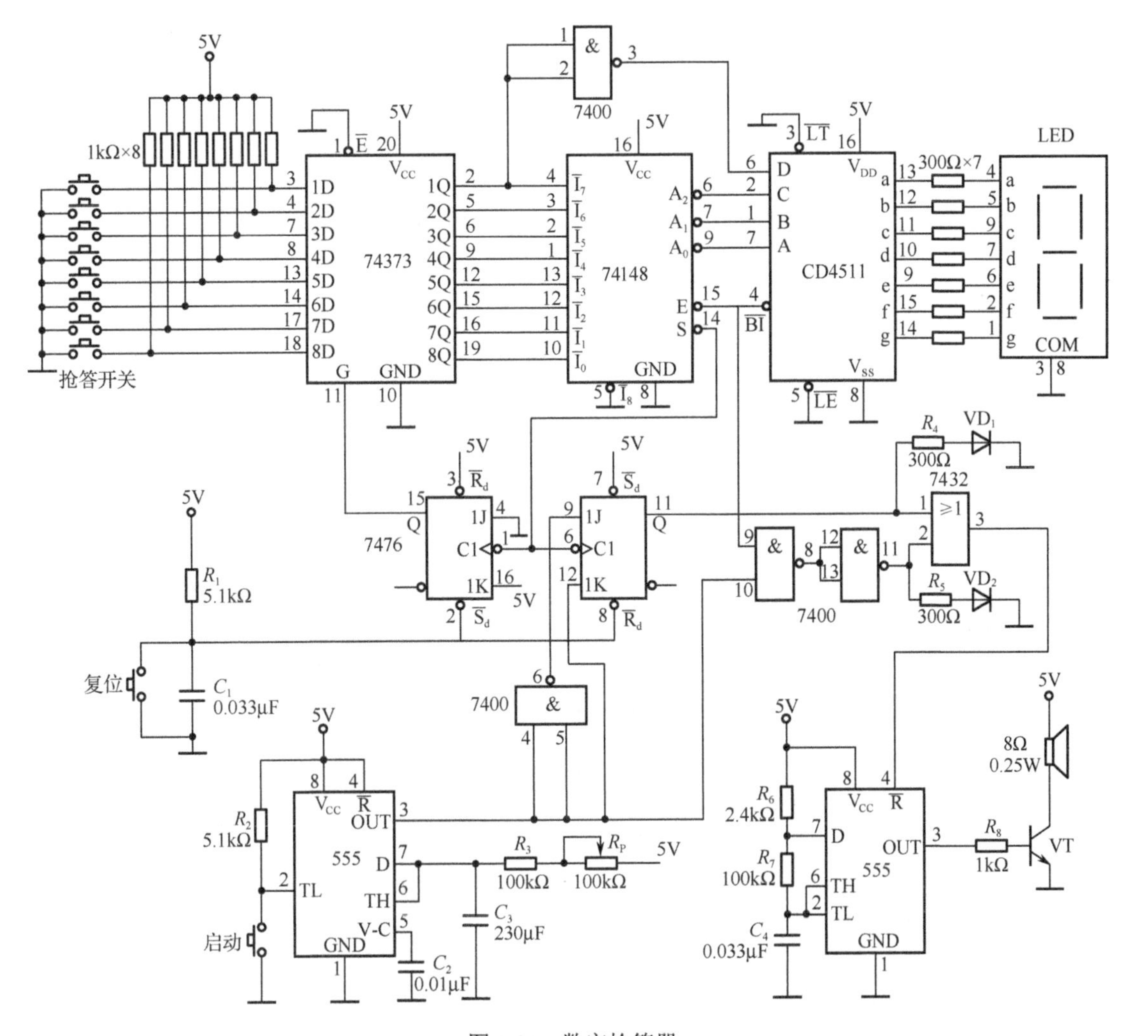

图 5-21　数字抢答器

三、调试及设计报告要求

1．按照设计任务及要求画出数字抢答器的电路图，列出元器件清单。
2．在实验箱上连接电路。
3．拟订测试内容及步骤，选择测试仪器，列出有关的测试表格。
4．进行单元电路调试和整机调试。
5．进行故障分析和精度分析，并对功能进行评价。
6．写出总结报告，设计收获及体会。

实验 7　汽车尾灯控制电路

一、设计任务

设计一个汽车尾灯控制电路，实现对汽车尾灯显示状态的控制。汽车尾部左、右两侧各有三个指示灯，根据汽车运行情况，电路满足指示灯以下 4 种不同的状态：

（1）汽车正常行驶时，汽车尾部两侧的指示灯均不亮。

（2）汽车右转弯行驶时，右侧三个指示灯按右循环顺序点亮，左侧指示灯均不亮。

（3）汽车左转弯行驶时，左侧三个指示灯按左循环顺序点亮，右侧指示灯均不亮。

（4）汽车刹车时，所有指示灯同时处于闪烁状态。

扩展设计任务：

（1）右转弯刹车时，右侧三个指示灯按右循环顺序点亮，左侧指示灯全亮；左转弯刹车时，左侧三个指示灯按左循环顺序点亮，右侧指示灯全亮。

（2）倒车时，尾部两侧的 6 个指示灯随时钟脉冲 CP 同步闪烁。

（3）用七段数码管显示汽车的 7 种工作状态，即正常行驶、刹车、右转弯、左转弯、右转弯刹车、左转弯刹车和倒车。

二、设计提示及参考电路

由于汽车尾灯有 4 种状态，故可以用两个开关变量进行控制。假定用实验箱上的逻辑开关 K_1 和 K_0 进行控制，由此可以列出尾灯显示状态与汽车运行状态的关系表，见表 5-2。

表 5-2　尾灯显示状态与汽车运行状态的关系表

开关控制	运行状态	左侧三个指示灯	右侧三个指示灯
K_1　K_0		$L_4\ L_5\ L_6$	$L_1\ L_2\ L_3$
0　0	正常运行	灯灭	灯灭
0　1	右转弯	灯灭	按 $L_1\ L_2\ L_3$ 顺序依次点亮
1　0	左转弯	按 $L_4\ L_5\ L_6$ 顺序依次点亮	灯灭
1　1	临时停车	所有的指示灯随 CP 同步闪烁	

在汽车左、右转弯行驶时，可以用 74161 实现三进制计数器来控制，按照要求顺序循环点亮三个指示灯。假定三进制计数器的状态用 Q_1、Q_0 表示，可得出在每种运行状态下，各指示灯与各给定条件（K_1、K_0、CP、Q_1、Q_0）之间的关系，即汽车尾灯控制逻辑功能表，见表 5-3。其中，用 1 表示指示灯亮，用 0 表示指示灯灭。

表 5-3　汽车尾灯控制逻辑功能表

汽车运行状态	开关变量	计数器状态	汽车尾部的 6 个指示灯	
	K_1　K_0	Q_1　Q_0	$L_4\ L_5\ L_6$	$L_1\ L_2\ L_3$
正常行驶	0　0	×　×	0　0　0	0　0　0
右转弯	0　1	0	0　0　0	1　0　0
		1	0　0　0	0　1　0
		0	0　0　0	0　0　1

续表

汽车运行状态	开关变量	计数器状态	汽车尾部的 6 个指示灯	
	K_1　K_0	Q_1　Q_0	$L_4 L_5 L_6$	$L_1 L_2 L_3$
左转弯	1　0	0　0 0　1 1　0	1　0　0 0　1　0 0　0　1	0　0　0 0　0　0 0　0　0
刹车	1　1	×　×	CP CP CP	CP CPCP

汽车尾灯控制电路的原理框图，如图 5-22 所示。

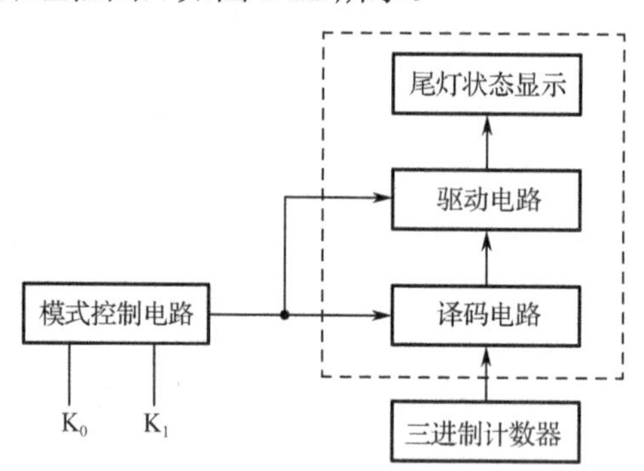

图 5-22　汽车尾灯控制电路的原理框图

（1）汽车尾灯电路

从图 5-22 原理框图可知，汽车尾灯电路包括译码电路、驱动电路和显示电路，由 74138 译码器和门电路构成。由于 74138 输出为低电平有效，要让发光二极管循环点亮，必须加非门。

当 K_1=0 时，指示灯 $L_4\ L_5\ L_6$ 按顺序依次循环点亮，示意汽车右转弯。

当 K_1=1 时，指示灯 $L_1\ L_2\ L_3$ 按顺序依次循环点亮，示意汽车左转弯。

当 G=0，A=1 时，指示灯全灭；当 G=0，A=CP 时，指示灯随 CP 同步闪烁。

（2）模式控制电路

74138 译码器和显示电路的使能端信号分别为 G 和 A。根据表 5-3，得到 G、A 与给定条件（K1、K0、CP）的真值表，见表 5-4。

表 5-4　真值表

模式控制	CP	使能信号
K_1　K_0		G　A
0　0	×	0　1
0　1	×	1　1
1　0	×	1　1
1　1	CP	0　CP

由表 5-4 得逻辑表达式为：

$$G = K_1 \oplus K_0$$

$$
\begin{aligned}
A &= \overline{K_1}\,\overline{K_0}+\overline{K_1}K_0+K_1\overline{K_0}+K_1K_0CP \\
&=\overline{K_1K_0}+K_1K_0CP \\
&=\overline{K_1K_0}+CP \\
&=\overline{K_1K_0\cdot\overline{CP}}
\end{aligned}
$$

模式控制电路如图 5-23 所示。

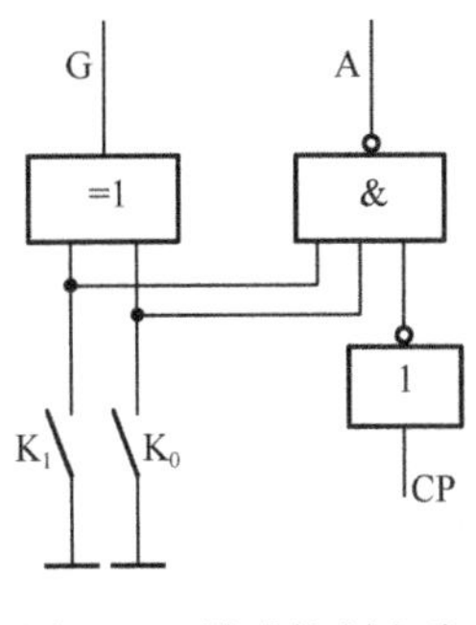

图 5-23 模式控制电路

三、调试及设计报告要求

1. 按照设计任务提出设计方案，画出逻辑电路图，列出元器件清单。
2. 在实验箱上连接电路。
3. 安装与调试电路，检验、修正电路的设计方案，记录实验现象。
4. 记录在电路调试过程中出现的问题以及如何排除故障。
5. 编写实验报告，总结收获及体会。

四、注意事项

1. 实验电路比较复杂，使用导线较多，连线时要合理布线，尽量减少人为实验故障的隐患。
2. 在实验过程中，每次修改电路一定要先断电。严禁带电操作。
3. 实验结果如果有问题，可以利用三态逻辑笔进行分析。要从实验原理上以单元电路的形式逐步进行检查，最后找出问题的所在。

附录 A　面包板及其使用

面包板是数字电子技术实验中一种常用的具有多孔插座的插件板，在其上可以通过插接导线、电子元器件等来搭建不同的电路，从而实现相应的功能。其特点是，无须焊接，只需要简单的插接操作，所以应用广泛。

A.1　面包板的结构

面包板一般是长方形的，大小不同。面包板分为上、中、下三部分，上、下两部分称为窄条，中间部分称为宽条，如图 A-1（a）所示。面包板从正面看，插孔中是金属夹子；从背面看，同一组插孔是连在同一条金属片上的，如图 A-1（b）所示。

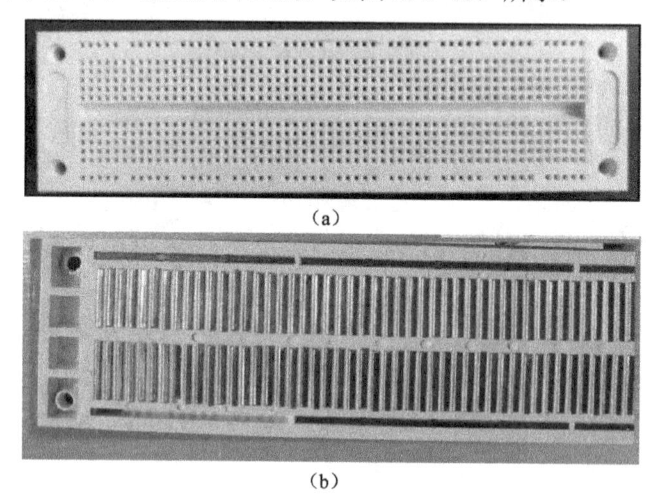

（a）

（b）

图 A-1　面包板外形图

（1）窄条

窄条一般由一行或两行插孔构成。同一行中的 5 个插孔作为一组，是横向导通的。但是左边 5 个插孔和右边 5 个插孔被中间较宽的塑料板隔开，需要在两边分别接入导线进行连接。窄条的行之间是不导通的。

窄条一般用于接电源线或接地线，也可以根据自己的使用习惯和电路需要来决定。

（2）宽条

中间部分是由一条凹槽和上、下各 5 行插孔构成的宽条。凹槽用于隔断上、下两部分。

宽条同一列中的 5 个插孔为一组，是纵向导通的。宽条的列与列之间，以及凹槽上、下两部分之间则是不导通的。

宽条一般用于放置电子元器件。

A.2　集成电路芯片的安装

集成电路芯片引脚间的距离与面包板上插孔的位置可能有偏差，必须先调整芯片引脚，再插入插孔中。不然可能出现接触不良、金属片位置偏移、导线插偏等问题。

（1）导线的剥头和插法

导线剥头的长度应比面包板的厚度略短，在转弯处应留有 1mm 的绝缘层。注意：绝缘层不能太长，不然可能会被插入插孔造成不导通。铜线的长短也要合适，铜线太短会接触不良，铜线太长容易引起短路，如图 A-2（a）所示。铜线必须插入插孔的中间，防止接触不良，如图 A-2（b）所示。

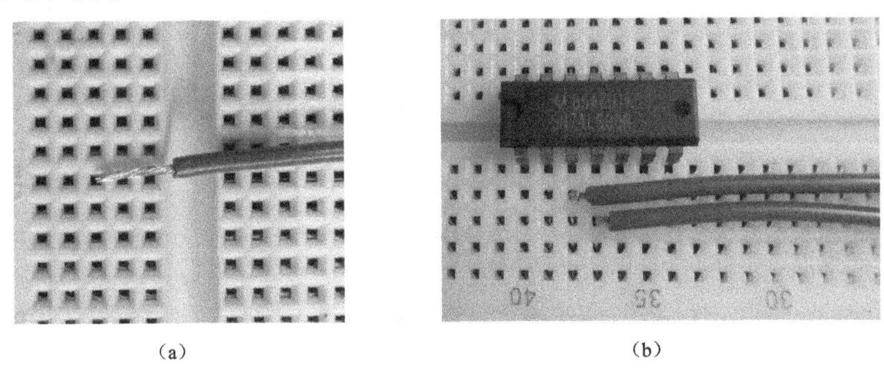

（a）　　　　（b）

图 A-2　导线的剥头和插法

（2）元器件布局和连线

元器件布局要合理，线路要短，接线要方便，并且要整洁、美观。

在接线之前要把导线拉直，不然会使得面包板的板面不整洁。线路要横平、竖直。一根导线可以直通的地方尽量只用一根导线，避免出错。当多个插孔需要接同一个地方时，可以串接，以缩短走线的距离。元器件布局和连线示例如图 A-3 所示。

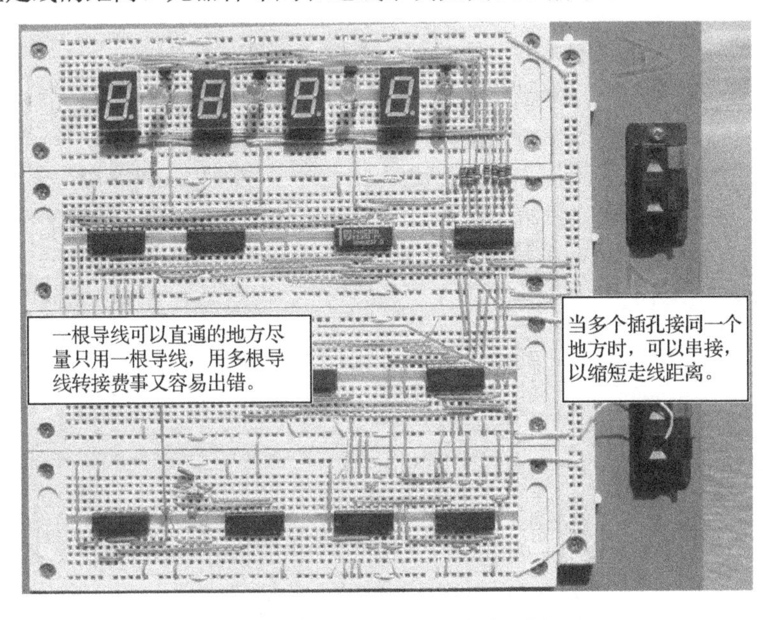

图 A-3　元器件布局和连线示例

附录B　常用传感器及其应用

传感器是一种检测装置，能“感受”到被测量的信息，并能将“感受”到的信息，按一定规律变换成为电信号或其他所需形式的信息输出，以满足信息的传输、处理、存储、显示、记录和控制等要求。

按照输出方式的不同，传感器分为模拟传感器和数字传感器。模拟传感器输出的信号幅值是连续的，而数字传感器输出的信号是离散的，为二进制代码。

传感器根据其敏感元器件功能的不同，可分为温度、湿度、光电、压力、声音、气体、触摸、磁力、颜色、振动、水位等各种类型的传感器。

在数字电子技术实验中，使用的是数字传感器。数字传感器输出信号的抗干扰能力较强，能够提升系统工作的稳定性。数字传感器可以直接使用市面上生产的集成模块，也可以利用模拟传感器进行自主设计。

在数字电子技术实验中，结合传感器，可以设计制作出一些贴近生活、趣味性更强的实验项目。例如，利用温度传感器设计一个简易的温度计或温度自动报警装置；利用湿度传感器设计一个自动浇花系统；利用触摸传感器设计一个简易的打地鼠游戏机；利用光电传感器设计一个光电自动开关装置，利用水位传感器设计一个输液液位监测器等。

B.1　温度数字传感器

温度是表征物体冷热程度的物理量，是科研生产、工农业生产过程中一个很重要而普遍的测量参数。温度传感器就是将感知的温度转换成可用的输出信号的一种传感器。温度数字传感器的敏感元器件主要为热敏电阻、热电偶及 PN 结等。常见的是利用热敏电阻设计的温度数字传感器。热敏电阻按照温度系数不同分为正温度系数（PTC）热敏电阻和负温度系数（NTC）热敏电阻。热敏电阻的特点是，对温度敏感，在不同的温度下表现出不同的电阻值。PTC 热敏电阻在温度越高时电阻值越大，而 NTC 热敏电阻在温度越高时电阻值越低，它们同属于半导体元器件。利用 NTC 热敏电阻设计简易的温度数字传感器电路如图 B-1 所示。

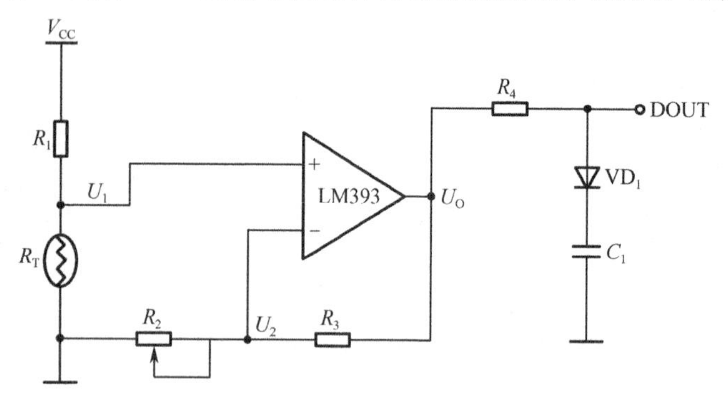

图 B-1　温度数字传感器电路图

基于 NTC 热敏电阻的温度数字传感器的工作原理是：当 NTC 热敏电阻无受热时，U_1 大

于 U_2，传感器输出 DOUT 为高电平；当 NTC 热敏电阻受热时，电阻值将逐渐减小，使得 U_1 逐渐减小，直到 U_1 小于 U_2 时，传感器输出 DOUT 为低电平。利用温度数字传感器、蜂鸣器、555 定时器等元器件，可以设计制作一个简易的温度报警装置，电路图如图 B-2 所示。

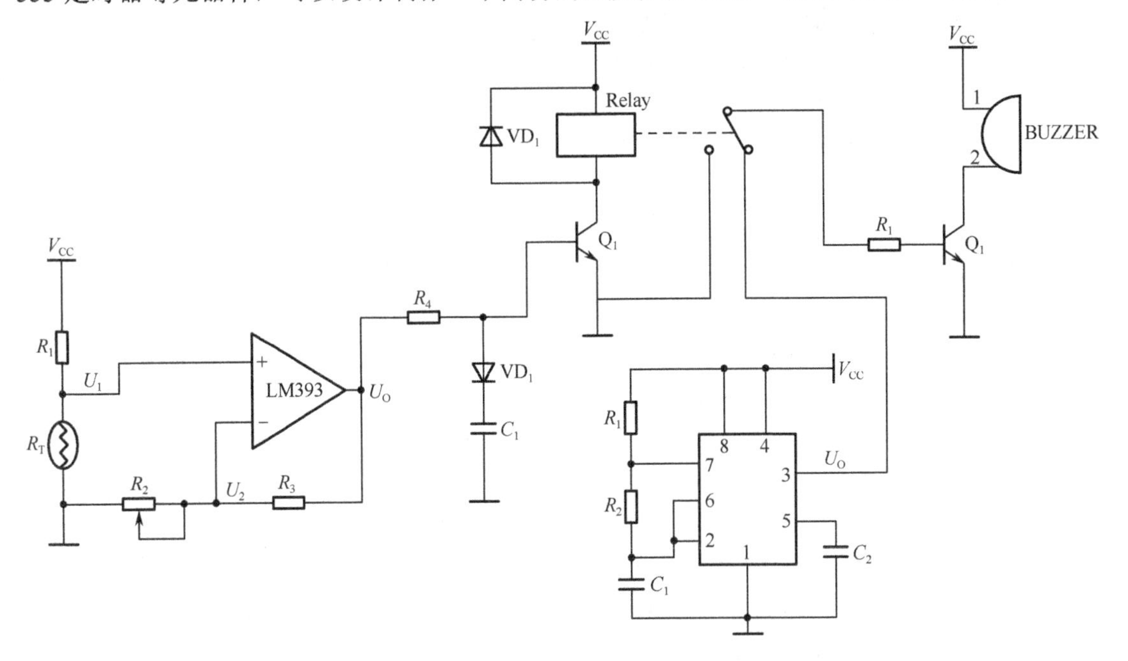

图 B-2　温度报警装置电路图

除利用敏感元件设计温度数字传感器外，也可以使用美国 DALLS 半导体公司（美信公司）生产的可直接测温的智能化温度数字传感器 DS18B20。DS18B20 可输出 9～12 位的被测温度的数字量；可单线传输至 CPU 中，抗干扰能力较强；测量范围为−55℃～125℃；测量精度为±0.5℃。

DS18B20 的测温原理框图如图 B-3 所示。DS18B20 内部的低温度系数振荡器是一个振荡频率随温度变化很小的振荡器，为计数器 1 提供一个频率稳定的计数脉冲信号。高温度系数振荡器是一个振荡频率对温度很敏感的振荡器，为计数器 2 提供一个频率随温度变化的计数脉冲信号。在高温度系数振荡器的作用下，计数器 2 进行减计数，形成计数门。每次测量前，

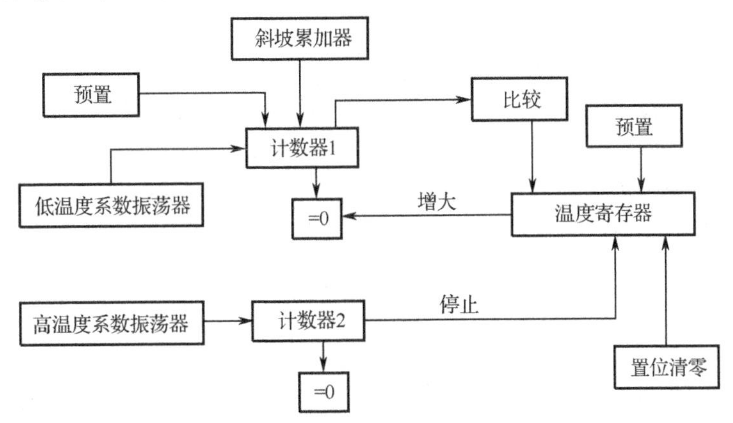

图 B-3　DS18B20 的测温原理框图

计数门打开，计数器 1 和温度寄存器被预置为-55℃所对应的一个基数值。计数器 1 对低温度系数振荡器产生的脉冲信号进行减法计数。当计数器 1 的值减到 0 时，温度寄存器的值将加 1。同时，计数器 1 的预置值将重新被装入，计数器 1 重新开始对低温度系数振荡器产生的脉冲信号进行计数。如此循环，直到计数器 2 计数到 0 时，计数器门关闭，停止温度寄存器值的累加，此时温度寄存器中的数值即为所测温度。

B.2 湿度数字传感器

湿度是表征空气、土壤湿度的物理量，是气象科学研究的重要测量参数。湿度数字传感器由湿敏元件组成，是将能够感知的湿度转换成为可用的数字输出信号的一种传感器。湿敏元件主要有电阻式、电容式两大类。湿敏电阻式元件的特点是，在基片上覆盖一层用感湿材料制成的膜。当空气中的水蒸气吸附在感湿膜上时，元件的电阻率和电阻值都发生变化，利用这一特性即可测量环境湿度。湿敏电容式元件一般是用高分子薄膜电容制成的，常用的高分子材料有聚苯乙烯、聚酰亚胺、酪酸醋酸纤维等。当环境湿度发生改变时，湿敏电容式元件的介电常数会发生变化，使其电容值也发生变化，其电容值的变化量与相对湿度成正比。

温度和湿度有着密不可分的关系，人的体感并不单纯受温度或湿度的影响，而是两者综合作用的结果。在一定的温度条件下，空气的湿度也要保持相对的稳定。因此，温湿度一体的说法相应出现。因而，温湿度是经常被结合起来测量的物理量，市面上也多是温湿度结合的数字传感器。DHT11 是一款含有已校准数字输出信号的温湿度复合传感器，如图 B-4 所示。DHT11 应用数字模块采集技术和温湿度传感器技术，确保了产品具有极高的可靠性与卓越的长期稳定性，包含一个湿敏电阻式元件和一个 NTC 热敏元件。每个 DHT11 都在 OTP 内存中存入了在湿度校验室中获得的校准系数。校准系数以程序的形式存储，在传感器内部在检测信号的处理过程中要调用这些校准系数。DHT11 的系统简单、体积小、功耗低、信号传输距离远（20m 以上），这使其成为温湿度测量的不错选择。

除此之外，参照图 B-1，可以利用线性的湿度模拟传感器，设计制作湿度数字传感器。Honeywell 公司生产的集成湿度模拟传感器模块 HIH3605 的输出就是与相对湿度呈比例关系的伏特级电压信号，其优势在于响应速度快，重复性好，抗污染能力强。在数字电子技术实验中，可以利用该传感器设计制作湿度报警装置。

在实际生活中，也可以利用土壤湿度数字传感器设计一个自动浇花系统。当土壤湿度较高时，湿度数字传感器输出为高电平，此时继电器处于常闭状态，直流水泵不工作。当土壤湿度较低时，湿度数字传感器输出为低电平，此时继电器处于常开状态，直流水泵开始工作，直到湿度数字传感器输出再次为高电平为止，水泵停止工作。土壤湿度数字传感器如图 B-5 所示，直流水泵如图 B-6 所示。

B.3 光电、声音数字传感器

光电传感器是将光信号转换为电信号的一种装置，具有精度高、响应速度快、非接触式等优点，可用于高压大电流的测试、转速变化的监测，以及作为继电保护装置等。光电传感器的工作原理主要基于光电效应。光电效应是指，当光照射在某些物质上时，物质的电子吸收光子的能量而发生了相应的电效应现象。光电敏感元器件种类较多，有光电管、光电倍增管、光敏电阻、光敏二极管、光敏三极管、光电池等。如图 B-7 所示为光敏电阻，如图 B-8 所示为光敏二极管。

图 B-4　DHT11

图 B-5　土壤湿度数字传感器

图 B-6　直流水泵

光电数字传感器常用型号有 BH1750FVI、TSL2561 等。其中，BH1750FVI 是一种用于两线式串行总线接口的光强度数字传感器。其内置 16 位的 A/D 转换器，能够直接输出一个数字信号，不需要再做复杂的计算。

声音传感器的作用相当于生活中常见的话筒。如图 B-9 所示为对声音敏感的电容式驻极体话筒。其工作原理为：声波使话筒内的驻极体薄膜振动，导致电容值发生变化，从而产生与之对应变化的微小电压。这一电压随后被转化成 0～5V 的电压，可经过 A/D 转换被数据采集器所接收，并传送给计算机进行处理。

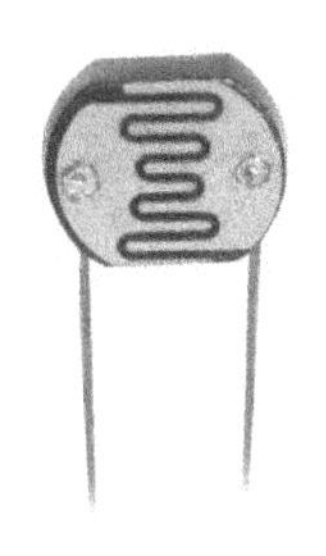
图 B-7　光敏电阻

图 B-8　光敏二极管

图 B-9　电容式驻极体话筒

利用光敏电阻、电容式驻极体话筒可以分别设计出光控、声控开关（一种数字传感器），输出均为数字信号。光控、声控开关的工作原理为：当所处环境的光照、声音强度达到设定阈值时，输出高电平。结合光控、声控开关，可设计一个生活中常见的声光控制楼道延时灯电路，电路图如图 B-10 所示。

其工作原理为：声音强度没达到阈值时，U_1 为低电平。光照强度没达到阈值时，U_2 为高电平。经与非门及反相器后，U_3 为高电平、U_4 为低电平。二极管 VD_1 截止，U_5 为高电平。经反相器后，U_6 为低电平，继电器为常闭，电灯不通电。若声音强度达到阈值，则 U_1 为高电平。因为无光照，U_2 仍为高电平。经与非门及反相器后，U_3 为低电平、U_4

为高电平。二极管 VD_1 导通，RC 网络充电，延时一定时间后，U_5 为低电平。经反相器后，U_6 为高电平，继电器为常开，电灯通电。电灯通电后，光敏电阻感受到光照，U_2 变为低电平。经与非门及反相器后，U_3 为高电平、U_4 为低电平。二极管 VD_1 截止，RC 网络放电，延时一定时间后，U_5 为高电平。经反相器后，U_6 为低电平，继电器为常闭，电灯断电，恢复正常。

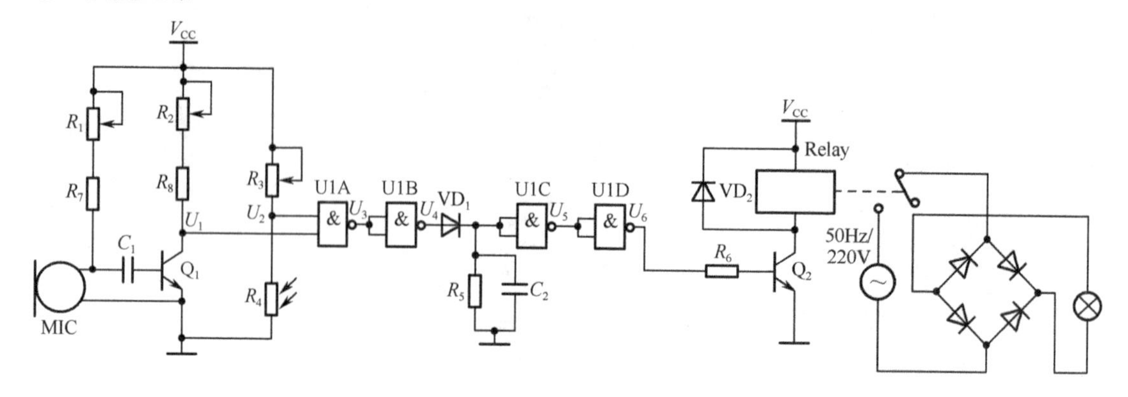

图 B-10　声光控制楼道延时灯电路

B.4　压力数字传感器

压力是指发生在两个物体的接触表面上的作用力，或者是气体对于固体和液体表面的垂直作用力，或者是液体对于固体表面的垂直作用力。压力传感器的种类繁多，如压阻式压力传感器、应变式压力传感器、压电式压力传感器、电容式压力传感器、压磁式压力传感器、谐振式压力传感器、差动变压器式压力传感器、光纤压力传感器等。常用的是压阻式压力传感器，简称压阻式传感器。

固体受力后，其电阻率发生变化的现象称为压阻效应。压阻式传感器就是基于半导体材料的压阻效应的原理而制成的，具有高精度、高性价比，以及优秀的线性特性等优点。压阻式传感器有两种类型。一种利用半导体材料的体电阻做成粘贴式应变片，称为半导体应变片。在压强为 20Pa 以下时，半导体材料的电阻随压强的变化发生线性变化。利用这一线性段可制成压力传感器。由于使用的是半导体应变片，又被称为半导体式传感器。另一种是在半导体材料的基片上用集成电路工艺制成扩散电阻。以这种扩散电阻制成的传感器称为扩散型压阻式传感器。其性能优良，具有很好的发展前途。

压阻式传感器属于模拟传感器，可结合 A/D 转换器设计成为数字传感器。其工作原理是，将压力直接作用在传感器的应变片上，传感器的电阻随压力的变化发生线性变化，通过电子线路检测到这一变化并进行 A/D 转换，最终输出一个对应于这个压力的标准数字信号。市面上有专门应用于压阻式传感器的 A/D 转换器，例如，为高精度电子秤设计的 A/D 转换器芯片 HX711。

HX711 是 24 位高精度的 A/D 转换器芯片，具有两路模拟通道输入，内部集成 128 倍增益可编程放大器。基于 HX711D 的电子秤的电路原理图如图 B-11 所示。其中，虚线部分为应变式压力模拟传感器；Q_1 可以控制传感器的开关和 HX711 的供电电源。

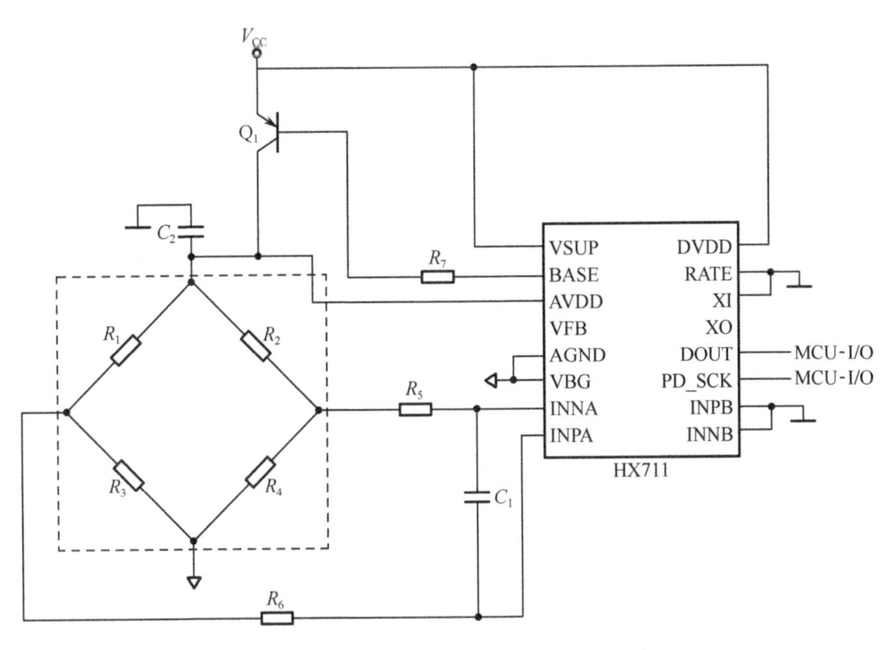

图 B-11　基于 HX711 的电子秤的电路原理图

B.5　水位传感器

水位是反映水体水情最直观的因素，它的变化主要由水体水量的增减变化而引起。水位传感器是能够将被测点水位参量实时地转变为相应电量信号的装置，可有效监测各种静态及动态液位，被广泛用于水厂、炼油厂、高楼供水系统等。如图 B-12 所示的是一个简易的水位模拟传感器。该传感器表面被双面覆锡，有三个引脚，分别为信号输出端（S）、工作电源端（+）及 GND（−）。水位模拟传感器的工作原理为：当水位上涨时，传感器表面覆锡两端的电阻逐渐减小，进而传感器的输出信号不断增大。

图 B-12　水位模拟传感器

利用水位模拟传感器和比较器 LM393 可以设计出水位数字传感器。利用该水位数字传感器，结合数字电子技术所学内容，可以设计出静脉注射监测报警器、水厂自动注水抽水装置等实验项目。

B.6　气体、触摸传感器

气体传感器是一种将某种气体体积分数转化成对应电信号的装置。气体传感器包括半导体气体传感器、电化学气体传感器、催化燃烧式气体传感器、热导式气体传感器、红外线气体传感器、固体电解质气体传感器等。最为常见的气体传感器为半导体气体传感器，这种类型的传感器在气体传感器中约占 60%。如图 B-13 所示的是 MQ-2 气体模拟传感器。MQ-2 气体模拟传感器属于半导体气体传感器，对液化气、丙烷、氢气的灵敏度较高，对天然气和其他可燃蒸汽的检测也很理想，是一款低成本的气体模拟传感器。参考图 B-1 温度数字传感器的设计方法，可以利用 MQ-2 气体模拟传感器设计出气体数字传感器。

触摸传感器如图 B-14 所示，它是一种触摸式传感器，又称为触摸式开关。该触摸式传感器属于电容式点动型触摸传感器，可代替传统的机械开关。在常态下，传感器输出为低电平，传感器处于低功耗模式；当用手指触摸相应位置时，传感器输出转换为高电平；持续 12s 没有触摸时，传感器又转换为低功耗模式。可以将传感器安装在非金属材料（如塑料、玻璃）的表面。另外，也可以将薄薄的纸片（非金属）覆盖在传感器的表面，做成隐藏在墙壁、桌面等地方的按键。

图 B-13　MQ-2 气体模拟传感器

图 B-14　触摸式传感器

B.7　红外线数字传感器

红外线又称红外光，它具有反射、折射、散射、干涉、吸收等性质。任何物质，只要它本身具有一定的温度（高于绝对零度），都能辐射红外线。红外线传感器就是利用红外线的物理性质来进行测量的传感器。红外线传感器测量时不与被测物体直接接触，不存在物体之间的摩擦，因此具有灵敏度高、反应快等优点。

红外线传感器在医学、军事、空间技术和环境工程等领域得到广泛应用。在医学上，采用红外线传感器远距离测量人体表面温度的热像图。在军事上，遥感中使用红外线传感器收集由对象辐射或反射的电磁波，以监视目标国家和地区的资源状况等。在空间技术上，采用红外线对地球云层进行监测，可实现大范围的天气预报；采用红外线传感器可监测飞机上正在运行的发动机过热的情况。

HC-SR501 是一款基于红外线模拟传感器 RD-624 设计的红外线数字传感器，也被称为红外线开关，如图 B-15 所示。HC-SR501 具有两种工作方式，不可重复触发方式及可重复触发方式。

不可重复触发方式工作原理为：当有人体进入感应范围时，传感器输出为高电平；延时一段时间后，传感器输出自动变为低电平。

可重复触发方式工作原理为：当有人体进入感应范围时，传感器输出为高电平；传感器感应到输出高电平后，在延时时间段内，如果有人体在其感应范围内活动，传感器输出将一直保持高电平；直到人体离开 RD-624 感应范围时，延时一个时间段后，传感器输出将由高电平变为低电平。传感器感应到人体的每次活动后会自动顺延一个时间段，并且以最后一次活动的时间为延时时间段的起始点。

MLX90614 是一款用于测温的非接触式红外线数字传感器，集成了红外线探测热电堆芯片与信号处理专用集成芯片，如图 B-16 所示。MLX90614 内置低噪声放大器、17 位 AD 转换器和 DSP 处理单元，从而实现了高精度、高分辨率的测量结果。其测量结果可通过两种数字信号方式读取，两线串行 SMBUS 兼容协议或 10 位的 PWM 输出。

图 B-15　HC-SR501

图 B-16　MLX9061

附录C　常用芯片的识别与引脚排列

C.1　集成电路简述

数字电子技术实验中经常需要使用集成电路，会遇到各种门电路、逻辑和组合电路，以及触发器、计数器、移位寄存器等。要使用这些集成电路，需要先学会识别它们。国外集成电路制造厂商各有一套编制产品型号的专门方法，并不统一，仅仅可以找出一些规律性的东西作为参考。

产品型号通常由词首（前缀）、基号（基本编号）和词尾（后缀）三部分组成，各自有不同的含义。以德州仪器公司生产的集成电路产品为例，SN74S138J 的词首 SN 说明该器件是德州仪器公司生产的标准电路，74 代表其工作温度范围为 0℃～70℃，138 就是基本型号，称为 138 译码器，词尾中的 J 代表其封装为陶瓷双列直插式。如果在 138 的前边、后边再有其他的符号和数字，则有可能用于说明速度、性能、筛选等级、特殊参数等内容。又如，CD4072BD 是美国无线电公司生产的，而它的含义则根据美国无线电公司的定义解释为：CD 是数字集成电路，4072 表示型号为双或非门，B 表示改进型，D 表示陶瓷双列直插式。要了解它的电学特性、内部结构、外部形状和引脚排列情况，就需要查阅该公司的产品目录（手册）或有关为集成电路产品型号编制的数据手册等资料。

为了使学生能认识集成电路基本引脚的排列规律和芯片的功能，这里给出一般芯片的引脚排列顺序。以 74LS00 芯片引脚排列为例，这种集成芯片中内含 4 个独立的与非门，每个与非门有两个输入端，一个输出端，其引脚排列如图 C-1 所示。这是一片 2 输入端四与非门，封装在一个小长方体的陶瓷外壳中。识别引脚定义标号的方法为，引脚朝下正面放置，芯片左边有一个半圆缺口，半圆缺口正下方有一个定位标志点，这个标志点下边对应的是芯片第一引脚，然后按照逆时针方向从 1 数到 14。以图 C-1 为例，引脚 1、2 是第一个与非门的两个输入端，引脚 3 是该与非门的输出端……引脚 7 是接地端，引脚 14 是电源端，电源一般接 +5V。有时也需要采用其他系列的集成电路，如 CD4000 系列等，这些集成电路与 TTL 集成电路相比，仅仅是在参数和性能上有差别，在逻辑功能上和封装引脚方式上无差别。使用时要辨认清楚型号，弄懂逻辑功能所对应的引脚排列编号后，才能使用。

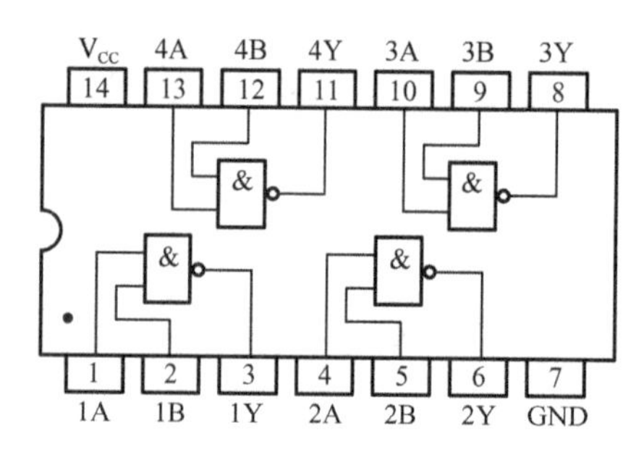

图 C-1　74LS00 芯片的引脚排列

C.2 常用芯片的引脚排列

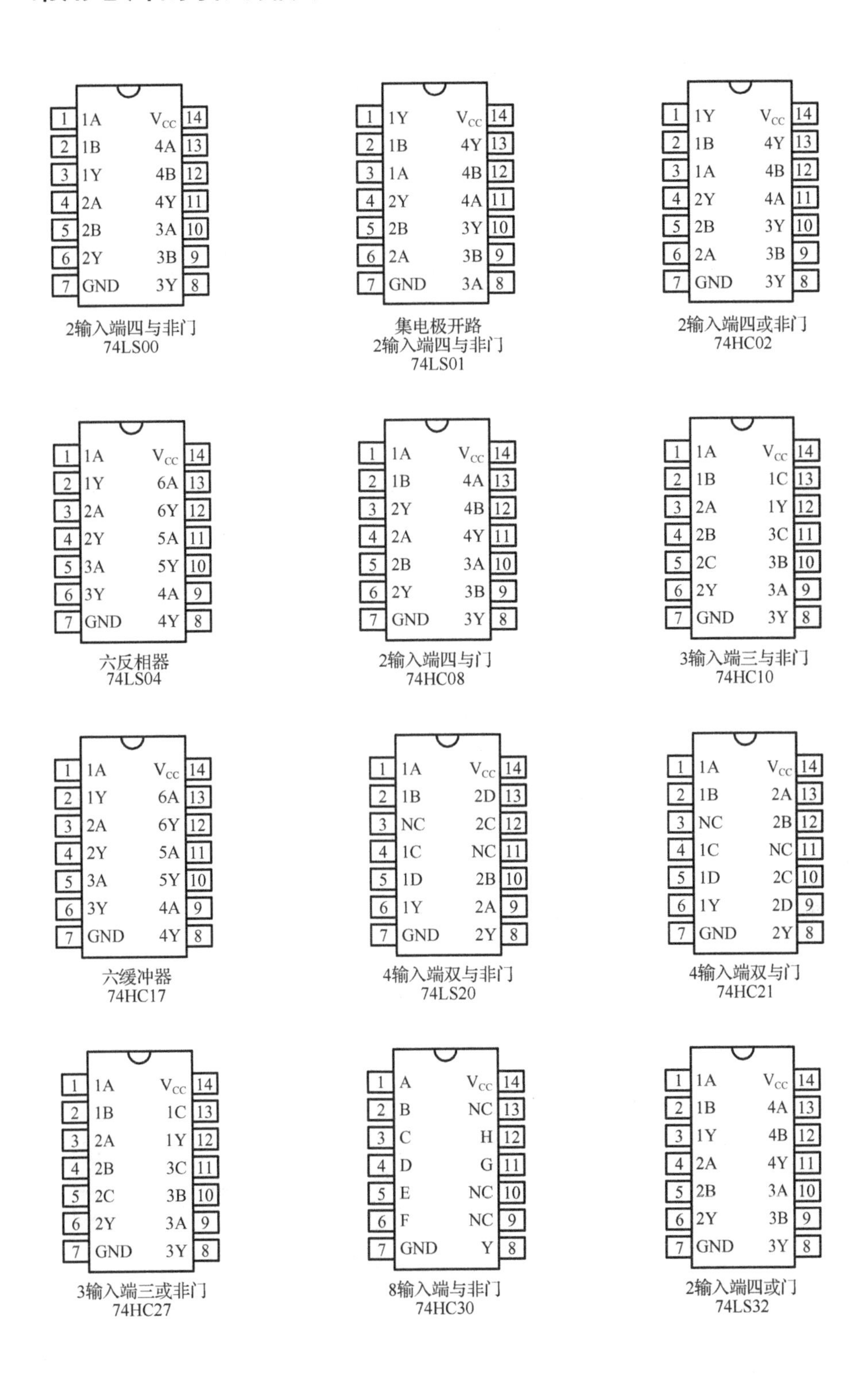

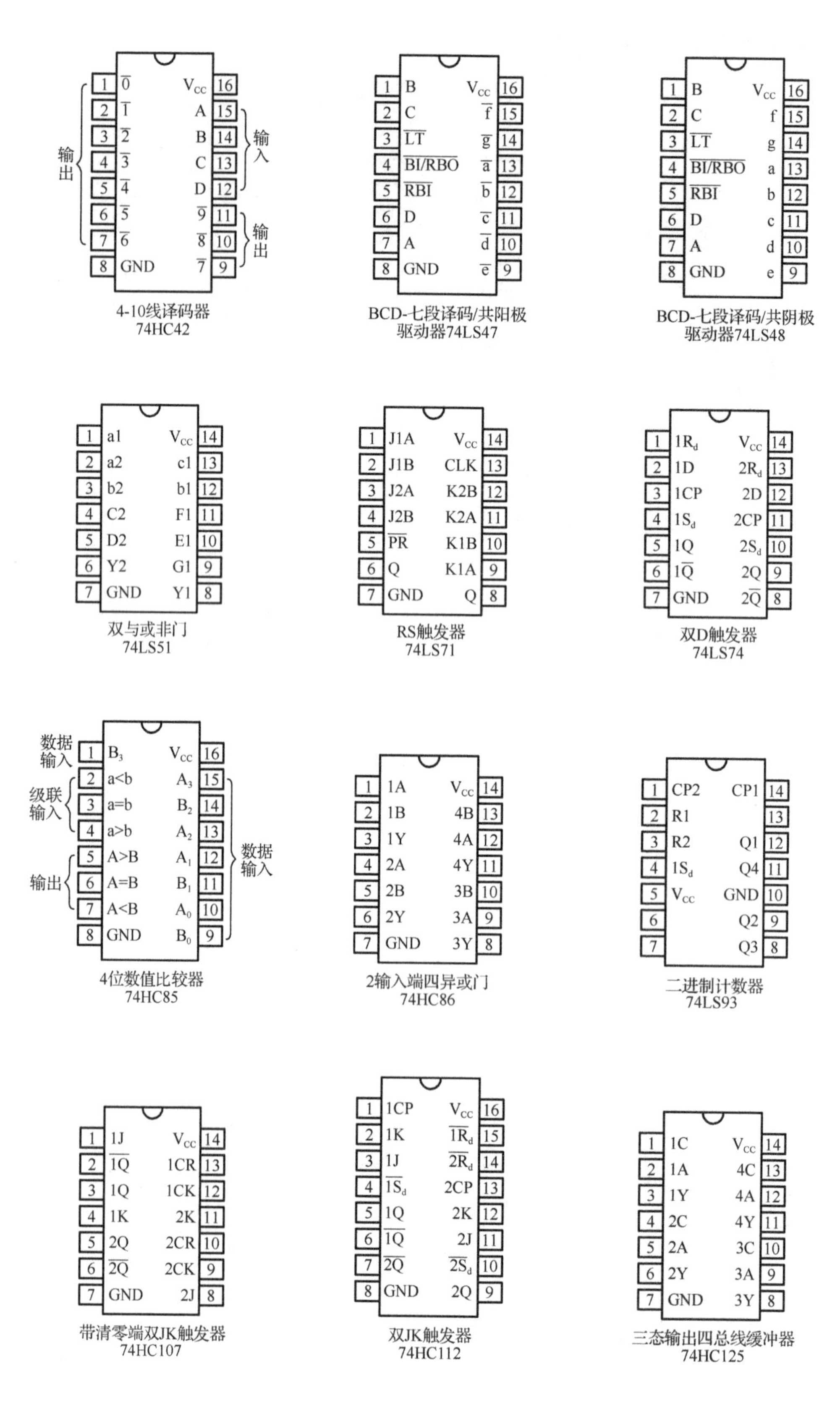
输出
输入
输出
4-10线译码器
74HC42
BCD-七段译码/共阳极
驱动器74LS47
BCD-七段译码/共阴极
驱动器74LS48
双与或非门
74LS51
RS触发器
74LS71
双D触发器
74LS74
数据
输入
级联
输入
输出
数据
输入
4位数值比较器
74HC85
2输入端四异或门
74HC86
二进制计数器
74LS93
带清零端双JK触发器
74HC107
双JK触发器
74HC112
三态输出四总线缓冲器
74HC125

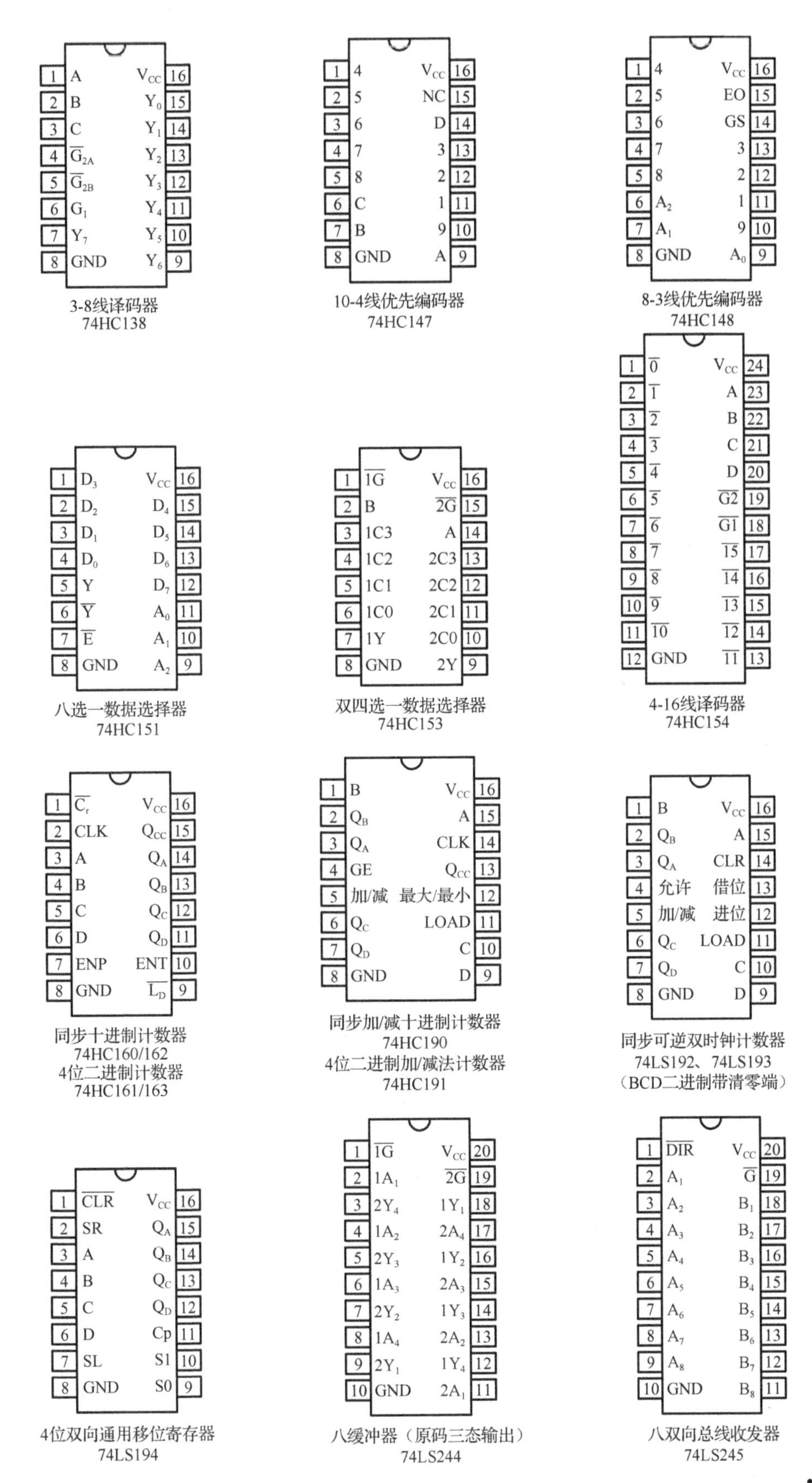
1 A VCC 16
2 B Y0 15
3 C Y1 14
4 G2A Y2 13
5 G2B Y3 12
6 G1 Y4 11
7 Y7 Y5 10
8 GND Y6 9
3-8线译码器
74HC138
1 4 VCC 16
2 5 NC 15
3 6 D 14
4 7 3 13
5 8 2 12
6 C 1 11
7 B 9 10
8 GND A 9
10-4线优先编码器
74HC147
1 4 VCC 16
2 5 EO 15
3 6 GS 14
4 7 3 13
5 8 2 12
6 A2 1 11
7 A1 9 10
8 GND A0 9
8-3线优先编码器
74HC148
1 0 VCC 24
2 1 A 23
3 2 B 22
4 3 C 21
5 4 D 20
6 5 G2 19
7 6 G1 18
8 7 15 17
9 8 14 16
10 9 13 15
11 10 12 14
12 GND 11 13
4-16线译码器
74HC154
1 D3 VCC 16
2 D2 D4 15
3 D1 D5 14
4 D0 D6 13
5 Y D7 12
6 Y A0 11
7 E A1 10
8 GND A2 9
八选一数据选择器
74HC151
1 1G VCC 16
2 B 2G 15
3 1C3 A 14
4 1C2 2C3 13
5 1C1 2C2 12
6 1C0 2C1 11
7 1Y 2C0 10
8 GND 2Y 9
双四选一数据选择器
74HC153
1 Cr VCC 16
2 CLK QCC 15
3 A QA 14
4 B QB 13
5 C QC 12
6 D QD 11
7 ENP ENT 10
8 GND LD 9
同步十进制计数器
74HC160/162
4位二进制计数器
74HC161/163
1 B VCC 16
2 QB A 15
3 QA CLK 14
4 GE QCC 13
5 加/减 最大/最小 12
6 QC LOAD 11
7 QD C 10
8 GND D 9
同步加/减十进制计数器
74HC190
4位二进制加/减法计数器
74HC191
1 B VCC 16
2 QB A 15
3 QA CLR 14
4 允许 借位 13
5 加/减 进位 12
6 QC LOAD 11
7 QD C 10
8 GND D 9
同步可逆双时钟计数器
74LS192、74LS193
（BCD二进制带清零端）
1 CLR VCC 16
2 SR QA 15
3 A QB 14
4 B QC 13
5 C QD 12
6 D Cp 11
7 SL S1 10
8 GND S0 9
4位双向通用移位寄存器
74LS194
1 1G VCC 20
2 1A1 2G 19
3 2Y4 1Y1 18
4 1A2 2A4 17
5 2Y3 1Y2 16
6 1A3 2A3 15
7 2Y2 1Y3 14
8 1A4 2A2 13
9 2Y1 1Y4 12
10 GND 2A1 11
八缓冲器（原码三态输出）
74LS244
1 DIR VCC 20
2 A1 G 19
3 A2 B1 18
4 A3 B2 17
5 A4 B3 16
6 A5 B4 15
7 A6 B5 14
8 A7 B6 13
9 A8 B7 12
10 GND B8 11
八双向总线收发器
74LS245

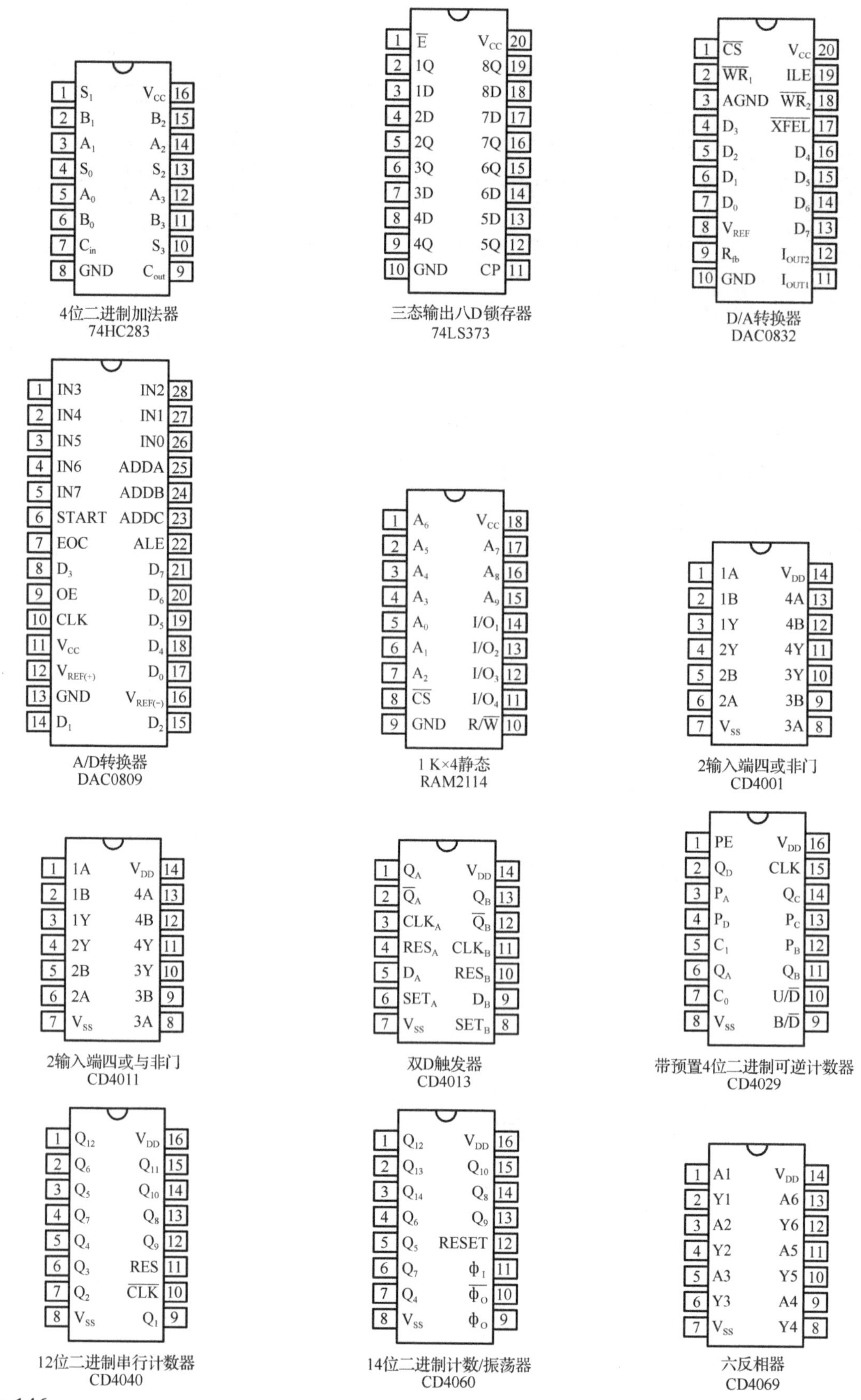

4位二进制加法器
74HC283

三态输出八D锁存器
74LS373

D/A转换器
DAC0832

A/D转换器
DAC0809

1 K×4静态
RAM2114

2输入端四或非门
CD4001

2输入端四或与非门
CD4011

双D触发器
CD4013

带预置4位二进制可逆计数器
CD4029

12位二进制串行计数器
CD4040

14位二进制计数/振荡器
CD4060

六反相器
CD4069

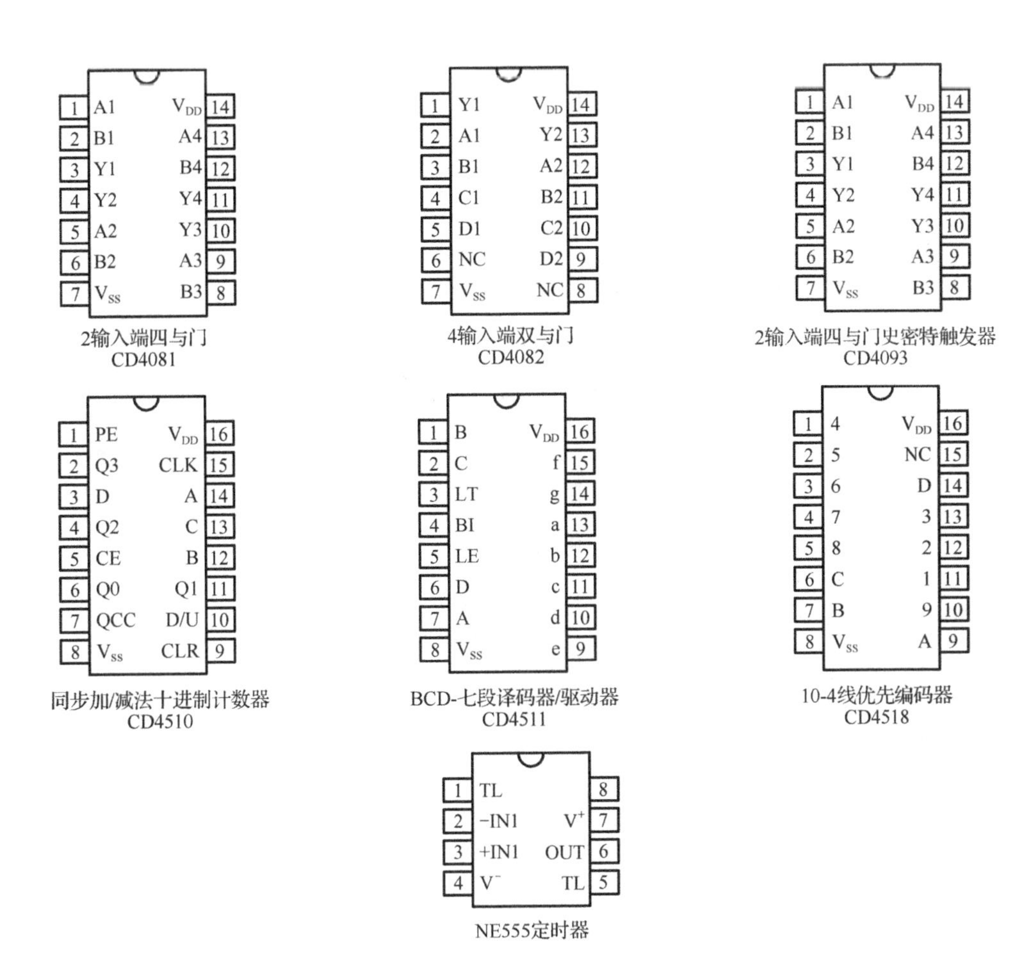

2输入端四与门
CD4081

4输入端双与门
CD4082

2输入端四与门史密特触发器
CD4093

同步加/减法十进制计数器
CD4510

BCD-七段译码器/驱动器
CD4511

10-4线优先编码器
CD4518

NE555定时器

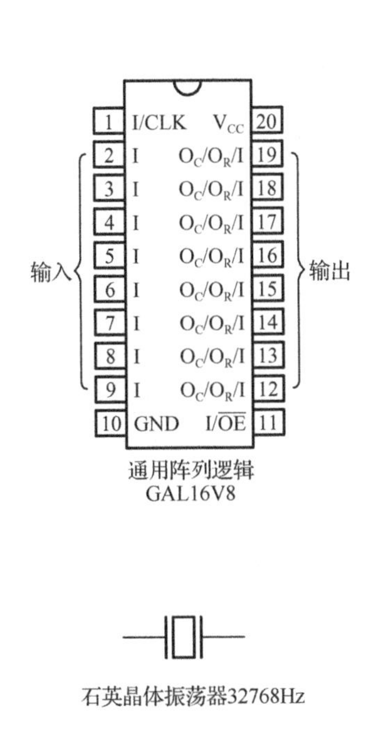

通用阵列逻辑
GAL16V8

石英晶体振荡器32768Hz

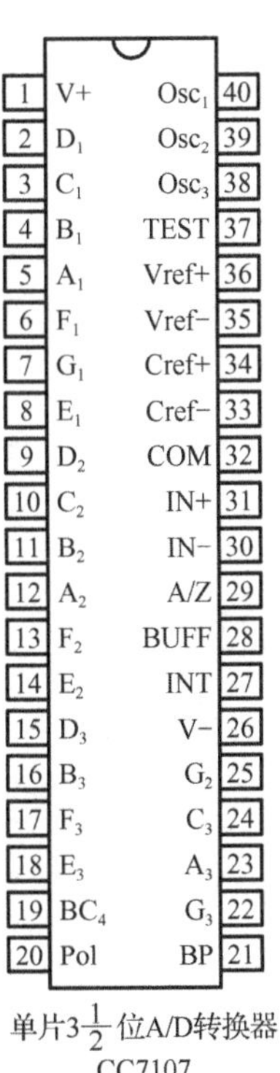

单片$3\frac{1}{2}$位A/D转换器
CC7107

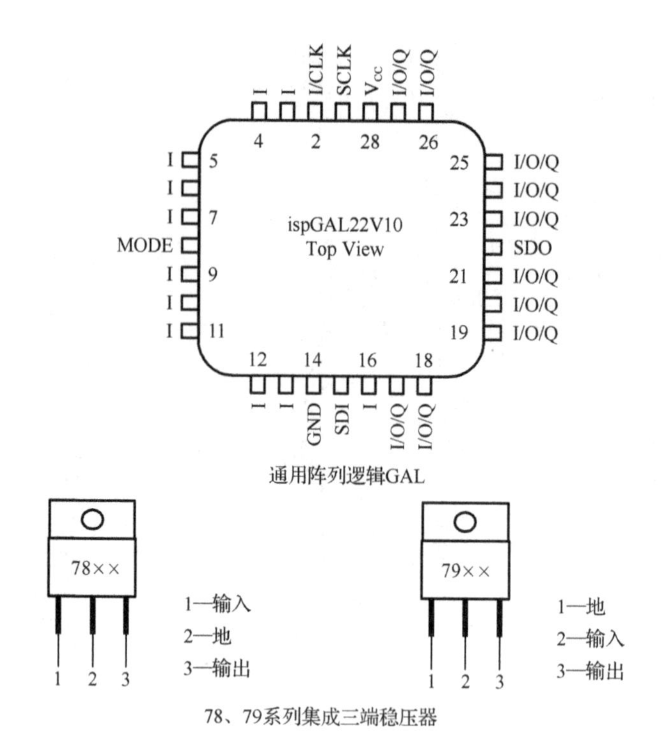

通用阵列逻辑GAL

78、79系列集成三端稳压器

参 考 文 献

[1] 马学文，李景宏. 电子技术实验教程. 北京：科学出版社，2013.
[2] 周润景，崔婧. Multisim 电路系统设计与仿真教程. 北京：机械工业出版社，2018.
[3] 尤佳，李春雷. 数字电子技术实验与课程设计. 北京：机械工业出版社，2017.
[4] 陈大钦. 电子技术基础实验. 北京：高等教育出版社，2000.
[5] 李景宏，王永军. 数字逻辑与数字系统（第 5 版）. 北京：电子工业出版社，2017.
[6] 王尧等. 电子线路实践. 南京：东南大学出版社，2000.
[7] 高吉祥，易凡. 电子技术基础实验与课程设计. 北京：电子工业出版社，2002.
[8] 李景华，杜玉远. 可编程逻辑器件与 EDA 技术. 沈阳：东北大学出版社，2000.
[9] Tektronix 用户手册 TDS1000 和 TDS2000 系列数字存储示波器.
[10] 赵全利，李会萍. Multisim 电路设计与仿真. 北京：机械工业出版社，2016.
[11] 何东钢，王美妮. 数字电子技术实训教程. 北京：中国电力出版社，2018.
[12] 蔡杏山. 电子元器件从入门到精通. 北京：化学工业出版社，2018.
[13] 姚福安. 电子电路设计与实践. 济南：山东科学技术出版社，2001.
[14] 王澄非. 电路与数字逻辑设计实践. 南京：东南大学出版社，2002.
[15] 朱定华. 电子电路实验与课程设计. 北京：清华大学出版社，2009.

反侵权盗版声明